A FIELD GUIDE TO DINOSAURS
恐竜野外博物館

A FIELD GUIDE TO
DINOSAURS

恐竜野外博物館

ヘンリー・ジー
ルイス・V・レイ
著

小畠郁生
監訳

池田比佐子
訳

朝倉書店

目次

はじめに 6

三畳紀 28

コエロフィシス 30
エオラプトル 34
ヘレラサウルス 36
リリエンステルヌス 38
プラテオサウルス 39
イサノサウルス 42

ジュラ紀 44

クリオロフォサウルス 46
マッソスポンディルス 47
アロサウルス 50
ディプロドクス 52
オルニトレステス 54
ケラトサウルス 56
ステゴサウルス 57
始祖鳥 60
コンプソグナトゥス 62
スケリドサウルス 63
ブラキオサウルス 64
トゥオジャンゴサウルス 66
ヤンチュアノサウルス 68
マメンチサウルス 70

A QUARTO BOOK

Copyright © 2003 Quarto Publishing plc

First published in the United Kingdom
in 2003 by
Aurum Press Limited
25 Bedford Avenue
London WC1B 3AT

All rights reserved. No part of this book may be
reproduced or utilised in any form or by any means
– graphic, electronic, or mechanical, including
photocopying, recording, taping, or information-
storage-and-retrieval-systems – without written
permission of the publishers.

| 白亜紀前期からその中ほど 72 | 白亜紀後期 112 |

白亜紀前期からその中ほど　72

アクロカントサウルス　74
ディノニクス　76
ズニケラトプス　78
アマルガサウルス　80
ギガノトサウルス　81
バリオニクス　82
エオティラヌス　84
ヒプシロフォドン　85
イグアノドン　88
スキピオニクス　89
カルカロドントサウルス　90
オウラノサウルス　92
スピノサウルス　94
スコミムス　96
ベイピアオサウルス　98
ミクロラプトル　100
プシッタコサウルス　102
シノヴェナトル　103
シノルニトサウルス　106
ミンミ　108
ムッタブラサウルス　110

白亜紀後期　112

エドモントニア　114
パキケファロサウルス　116
トリケラトプス　117
ティラノサウルス　120
カルノタウルス　122
サルタサウルス　123
マシアカサウルス　126
ラペトサウルス　128
カロノサウルス　130
デイノケイルス　131
ガリミムス　132
オヴィラプトル　134
テリジノサウルス　135
シュヴウイア　136
プロトケラトプス　138
ヴェロキラプトル　139

用語解説　140
索　引　142
謝　辞　144

Conceived, designed, and produced by
Quarto Publishing plc
The Old Brewery
6 Blundell Street
London N7 9BH

Editor: Paula Regan
Art Editor: Jill Mumford
Designer: Paul Griffin
Illustrator (cladograms): Dave Kemp
Proofreader: Alice Tyler
Indexer: Pamela Ellis

Art Director: Moira Clinch
Publisher: Piers Spence

はじめに

まず最初にはっきりことわっておきたい．これはフィクションである．すべての記述が実際の化石証拠にもとづいているわけではないという意味で，厳密な科学書とは異なる．また，現在生きている野生動物の観察記録とは違って，ここに再現された恐竜の世界は実物で確かめることはできない．むしろ，本書はエンターテイメントの一種として読んでもらいたい．私たちが野生動物を観察するように，生きている恐竜の姿を見てみたいのだ．

とはいっても，よくできたフィクションには必ず事実にもとづく研究結果がもりこまれている．私たちも古生物学における最新の発見をもとに推測したので，これから遭遇する生身の肉体を持った恐竜たちは，科学的に信頼できる姿になっている（と思う）．恐竜時代はとほうもない昔だ．恐竜が地上から姿を消して6550万年が過ぎた．第二次世界大戦が終わってから現在までの100万倍以上にあたる時間だ．それを考えると，恐竜時代のなごりは簡単には見つからないことがわかるだろう．オマハビーチやパールハーバーに残る戦争の遺物に比べて保存状態は悪く，確認しにくいはずだ．恐竜に関する私たちの知識はほとんどすべて，粉々になった骨や歯のかけら，足跡や卵の断片から得たものである．恐竜の化石に筋肉や皮膚，内臓といったやわらかい組織が残っていることはめったにない．やわらかい組織が保存されていれば，骨の集まりではなく，生きている動物として恐竜の姿を思い描くヒントになるはずだが．

この本に登場する恐竜の多くはごく最近まで知られていなかった種類だ．このところ，新種の恐竜が次々と発見されている．19世紀には北アメリカで西部の開拓が進み，化石発掘がさかんに行われて，荷馬車に積まれた骨が次々と運び出されたが，それに匹敵する勢いだ．シノヴェナトル，スキピオニクス，ラペトサウルス，マシアカサウルス，カルカロドントサウルスといった恐竜たちは，ほんの10年前にはまだ地中に埋もれていた．また，ここ数年のあいだに，恐竜の生物学的特徴について，情報が爆発的に増えているが，その原動力としていくつかの重要な発見がある．なかでもいちばんの驚くべき発見は，羽毛の存在だろう．

羽　　毛

これから紹介する新種の恐竜の一部は，鳥のものに似た羽毛もしくは羽毛状繊維，ときにはその両方におおわれていた．特にめだつのはミクロラプトル，シノルニトサウルス，シュヴウイア，ベイピアオサウルスなどである．これにより，恐竜は鳥類の近縁動物ではないかという，1世紀前からの仮説がついに確かめられつつある．また，化石には痕跡が残っていなくても，羽毛を持つ恐竜はもっとたくさんいたことがここから推測される．こうした事実を材料に，私たちはいくらか想像をふくらませた．そして，羽毛を持っていたことが確認されていない恐竜でも，多くの場合，ところどころに羽毛状のふさ毛を描きこんだ．さらに，恐竜の赤ん坊（「ヒナ」）は普通，アヒルの綿羽のような羽毛に包まれていたことにした．鎖骨（叉骨）や，四肢の骨の空洞など，鳥に似た

ミクロラプトル（右）には羽毛があったことがわかっていて，これをもとに，エオティラヌス（上）を含む多くの小型獣脚類にも柔毛や羽毛が生えていたものと推測した．ただし，それを証明する化石記録はまだ見つかっていない．＊2004年に中国で羽毛のある小型ティラノサウルス類が発見された．

特徴の多くは，飛翔が始まる前の時代の恐竜化石にもみとめられるので，これは信頼できる確実な推測といえるだろう．同じように，竜脚類の赤ん坊の皮膚はウロコやかたい皮におおわれていたことがわかっているので，竜脚類の体には綿羽をつけていない．

だが，羽毛以外にも考えなくてはならない問題があった．恐竜の生活を伝える確かな証拠はほとんどないため，生活面のさまざまな特徴については話しあって決める必要があった．恐竜の求愛行動に関しては，大昔のダンスフロアのようなところ，つまり「集団求婚場（レック）」にオスが集まり，目のこえたメスの前で派手なディスプレイを行ったという想像図を描いた．スキピオニクスという恐竜はメスだけの社会を作り，オスがいなくても子供ができる単為生殖と呼ばれる方法で繁殖した，と私たちは推測している．どの動物でも生活の中心に繁殖の必要性がある．そこに自然選択の原則が働いているからだ．野生の生活は過酷なことで悪評高く，動物の命は短い．長生きできるのはごく少数だ．

もしかするとこうした推測は強引に思えるかもしれないが，決してそんなことはない．私たちが描いた恐竜の「想像上の」特徴はすべて，現実の世界のどこかで目にすることができる．多くの鳥類や哺乳類がレックでたがいにディスプレイを見せあい，交配相手を求めて騒々しくはりあっている．現在の両生類や爬虫類のなかには単為生殖を行う種がいくつか存在する．

左　カウディプテリクスなどの恐竜はこのような色つきの世界を見ていたと思われるが，だとすれば，現在の鳥類（上図）と同じように，その能力を利用し，ディスプレイや警告のためにめだつ羽飾りを発達させていたはずだ．

色の問題

恐竜の色については何もわかっていない．これはもちろん画家にとって悩みの種だが，ありそうな配色を探ることはできる．恐竜の体に関するほかの特徴はすべて，現在の動物と見比べて，そこから得た知識をもとに推測しているが，それと同じ方法を使うのだ．たとえば，たいていの動物は背景にまぎれこむしま模様やまだら模様を身につけている．巨体の動物は小型動物に比べて色が暗い傾向がある．毒を持つ動物は非常にあざやかな色をしていることが多い．

画家の多くは無意識のうちに恐竜を巨大な哺乳類と同じようにとらえているらしい．だから，アフリカの野生動物保護区セレンゲティ国立公園を思わせるややくすんだ色合いを使い，たまに変化をつけるために少しだけはん点やしま模様を描きこむのだ．こうした再現図には，恐竜と鳥類との近い関係がいかされていない．恐竜の多くが体の構造や行動に鳥類と似通った特徴を持っていたのは，どうやら間違いないようだ．それなら，大半の鳥類のようにあざやかな色で描いていいはずだ．今までの恐竜本に比べて，この本の恐竜たちはずいぶん生き生きとして色彩に富んでいる，という印象を与えるのではないだろうか．それでも，この派手な色づかいは，科学的に見て正しい可能性が十分にある．おおかたの哺乳類とは違って，鳥類や爬虫類の多くは色覚を持っているので，恐竜もなかまを色合いで見分けられたと考えていいだろう．

このように想像を進めていくときに，明らかな事実をうやむやにしてはいけない．恐竜には事実としてみとめられている驚くべき特徴がたくさんある．羽毛を持っていたとされる獣脚類恐竜の数はどんどん増えているが，そのほかにもめずらしいことがいろいろわかってきた．プシッタコサウルスにはヤマアラシのような針毛があり（この本では毒針としたが），テリジノサウルス類は巨大なかぎ爪を持ち，シュヴウイアにはずんぐりした奇妙な前肢が生えていたという．ちっぽけなミクロラプトルから巨大なアルゼンチノサウルスまで，恐竜の大きさにはびっくりするほどの差がある．だから，恐竜とその世界に対する私たちの興味はつきないのだ．人々の関心を集め続けている恐竜のこうした特徴は，ほとんどが学術論文で証明された現実となっている．

リアルな姿を想像して

化石のかけらから恐竜の生活を再現することはできる．だが，それだけではなく，この本では微生物や寄生虫から小さなハエや大きなワニ類まで，恐竜と同じ世界にすんでいた生き物も再現した．何もないところからここまで生物を作り出していいのか，と疑問に思うだろう．その答えはあきれるほど簡単だ．化石化というプロセスは非常に気まぐれなので，昔の地球に存在した動物や植物について，今までにわかっていることはごくわずかでしかない．最近出された推定値によると，かつて存在した霊長類すべてのうち，化石として発見された種はせいぜい7％だそうだ．それなら，ほかの動物にもこのような数字をあてはめてもかまわないはずだ．世間ではおなじみの恐竜たちも，情報のもとになった標本はほんのひとにぎりで，たった1つという場合もある．ここから考えると，昔の地球にすんでいた生物のほとんどがまったく化石を残していないのは明らかだ．特に軟体の生物は化石になりにくく，

ティラノサウルスが太古のウシツツキに世話をしてもらったと考えてもおかしくはない．

なかでも寄生生物は残りにくい．しかし，今の世界ではいたるところに寄生生物がいる．現在の動物の体にはたいていさまざまな寄生生物や病原体が入りこんでいる．そうでなければ健康を保てない動物さえいる．私たち人間も腸内細菌なしに生きていくのはたいへんだろうが，こうした細菌が，たとえばネアンデルタール人の化石といっしょに見つかったという話は今まで聞いたことがない．それでも，ヒトはこの世にあらわれたときから細菌とともに生活していたと考えて間違いないだろう．化石にほとんど残っていない，あるいはまったく見られないからといって，存在しなかったことにはならない．それどころか，恐竜の体について想像するときに寄生生物を含めなければ，かえって現実から遠ざかるおそれがある．トリケラトプスがいれば，それにとりつく寄生虫や細菌やウイルスもうじゃうじゃいたはずだが，その痕跡はまったく残っていない．

つまり，フィクションの決まりにしたがうと，この本で想像した恐竜たちの生活や時代には，いわば「リアリティ」が含まれているのだ．恐竜の世界を描くとき，直接体験ではないにしても，教科書では味わえない実感を読者に与えるには，私たちが行ったような推測が必要不可欠だ．恐竜を標本として観察するのではなく，その鳴き声を聞き，臭い息をかぎ，虹色に輝く求愛用の羽を見てほしい．ジュラ紀の強い日差しを首のうしろに感じ，三畳紀のジャングルの蒸し暑さを体験してもらいたい．白亜紀中ほどの森で，私たちはカヤックに乗り，曲がりくねった川を下った．高々とそびえる木々のあいだから，太陽の光がさしこみ，地球上で初めて咲いた花を照らしだすところをながめた．その興奮を読者にも共有してもらいたい．

恐竜の発見

恐竜熱の高まりは映画『ジュラシック・パーク』が最初ではなく，恐竜が発見されたときからずっと続いている．恐竜の骨は大昔から掘り出されていたが，ほかの化石と同様，悪魔が作ったものか，ノアの箱舟に乗れずに洪水で死んだ動物の（もしかすると巨人族の）遺骸だと考えられていた．もちろん，大昔の地球の遺物といった考え方はまだなく，この世から完全に姿を消した動物がいたとはだれも思っていなかった．ところが18世紀の終わりに，フランス人の学者ジョルジュ・キュヴィエ（1769〜1832）が絶滅という概念をとなえ，地球の遠い過去を正しく理解する道を開いた．それからあとは，発掘された骨がすぐさま神話や昔話と結びつけられることはなくなった．

はるか昔に絶滅した動物として恐竜が特別扱いされるようになったのは，今からそう遠くない1842年，ヴィクトリア朝の偉大な解剖学者リチャード・オーウェン（1804〜1892）が，「ディノサウリア」

ジョルジュ・キュヴィエは，絶滅という画期的な考えを唱えた，地質学の先駆者である．

という言葉を作り出したときからだ．オーウェンはイギリスで発見されたばかりの3種類の絶滅爬虫類，イグアノドン，ヒラエオサウルス，メガロサウルスの骨を観察していた．骨はばらばらにくだけていたが，この動物たちがそれまで考えられていたようなただの大きな爬虫類ではないことはわかった．イギリスの南海岸にあるライアス世（ジュラ紀前期）の岩石からは，海にすむ魚竜類や首長竜類の化石が見つかっていたが，それとも違うようだった．これらの陸生爬虫類はまったく異なるタイプの動物だとオーウェンは気づいた．基本構造は爬虫類だが，もっと堂々としていて，哺乳類や鳥類に似た活力もあり，ヘビやトカゲのようにけだるい動きはしないのだ．そこで彼はこの動物たちに「恐ろしいトカゲ」を意味する「恐竜」という名前をつけた．その後も，たくさんの恐竜たちが発見されていった．

コレクター

恐竜発見の黄金時代は，19世紀後半のアメリカで始まった．19世紀後半といえば，西部が開拓されたあの伝説の時代である．この時期，古生物学の世界にも，西部のガンマンとして名高いワイアット・アープとドク・ホリデーにあたる人物が存在した．ライバルどうしの2人が，コロラド州やワイオミング州の人里離れた荒野から掘り出される新種の恐竜を次々と記載し，トップ争いをくり広げていたのだ．1人は自尊心が非常に強く，神童と呼ばれた，ハヴァーフォード大学のエドワード・ドリンカー・コープ（1840〜1897）．もう1人はオスニエル・チャールズ・マーシュ（1831〜1899）である．マーシュはやや出遅れはしたものの，金持ちのおじの好意にあまえて，イェール大学に恐竜博物館を設立してもらい，その館長におさまった．現在よく知られている恐竜の多くは，コープとマーシュが先を争って西部から掘り出した，大量の骨をもとに復元された．コープとマーシュは毎回，自分の手を泥まみれにして発掘していたわけではない．2人はできるだけ腕のいい化石採集者を見つけて雇うようにしていた．古生物学の伝説的人物として名を残した，こうした化石採集者のなかに，コープのために労をおしまず働いたチャールズ・スターンバーグ（1850〜1943）がいる．スターンバーグの著書『The Life of a Fossil-Hunter（化石ハンターの人生）』には，荒れた開拓前線で病気やアパッチ族の襲撃にたえずおびやかされながら，古生物の発掘を続ける様子が語られていて，目を見はらせるものがある．

名門大学にゆかりのこの2人が争い続けているところへ，ニューヨーク市のアメリカ自然史博物館（AMNH）も加わって競争はいっそう激しくなった．古生物学者ヘンリー・フェアフィールド・オズボーン（1857〜1935）による賢明でときにとっぴ

オスニエル・チャールズ・マーシュはイェール大学の博物学教授で，古生物学の偉大な先駆者の1人である．マーシュは新しい種類の恐竜を19属，記載した．

な指示を受け，博物館の調査隊は新しい恐竜を求めて，はるかかなたまで目を向けた．オズボーンは独自の考えを持ち，人類は遠く離れた中央アジアの荒野で誕生したと確信していたので，その証拠を見つけるために探検隊を派遣した．これがかの有名なロイ・チャップマン・アンドルーズ（1884〜1960）率いる中央アジア探検隊である．アンドルーズは史上最も有名な化石ハンターの1人であり，映画の主人公インディ・ジョーンズの実在モデルでもある．アンドルーズの一行はゴビ砂漠で恐竜の卵と巣，そしてプロトケラトプスなどの動物化石を発見した．ソ連圏がモンゴルにまで拡大すると，それから何十年ものあいだ，西側の調査隊はこの場所でなかなか発掘を行えなくなり，ソ連とポーランドの熱心な研究者グループが着実に成果をあげていった．しかし，1980年代の終わりから1990年代はじめにかけてソ連圏が崩壊し始めると，モンゴル政府は代表団をアメリカ自然史博物館に送り，アンドルーズがし残した発掘を続けるように頼んだ．このあと10年以上にわたって，アメリカ自然史博物館は毎年，調査隊をモンゴルへ送り，すばらしい恐竜をたくさん発見した．そのなかには，奇妙な恐竜シュヴウイアや，巣におおいかぶさって砂嵐から卵を守っていたメスのオヴィラプトル類［訳注：のちにヒマラヤの神の名にちなみシチパチと命名された］などの化石が含まれている．

恐竜の世界

最近になって世間の注目はモンゴルから中国へ移った．中国ではみごとな恐竜化石が次々と見つかり，首の長い竜脚類マメンチリサウルスや，シャントンゴサウルスのような巨大ハドロサウルス類など，目を引く恐竜が掘り出されている．だが，最も関心を集めているのは，中国東北部の遼寧省だ．この場所からは，ひときわすぐれた化石が大量に発見されている．遼寧省から出る化石の重要な特徴は，骨や歯だけでなく，しばしばやわらかい組織まで保存されている点だ．孔子鳥（コンフシウソルニス）の標本は何千体も発掘され，その多くに羽毛がきれいに残っていた．同じ鳥類の熱河鳥（ジェホロルニス）の化石では，食道のなかに植物の種がそのまま保存されていた．原始的な哺乳類で毛皮までついた化石も何種類か見つかった．しかし，なんといってもいちばんのニュースは，カウディプテリクスやミクロラプトル，ベイピアオサウルスなど，羽毛，あるいは羽毛状の外皮がついた獣脚類恐竜の化石だろう．これらの恐竜の一部は本書でも取りあげた．こうした発見

中国東北部，遼寧省の白亜紀前期の風景．手前のほうで，好奇心の強いシノサウロプテリクス（右）2頭が1組のプシッタコサウルスに近づいている．そのうしろには，木の葉を食いちぎって昆虫を探すテリジノサウルス類のベイピアオサウルス，右へ目を向けると，クリプトヴォランスのオス2匹がたがいに優位を主張してディスプレイを行っているところが見える．その様子を2羽の孔子鳥が枝の上からながめている．

化石になる過程はとても不確かなので，そもそも化石ができることのほうが驚きだ．化石のでき方をこれから連続イラストで説明しよう．傷口が感染して死んだステゴサウルスを，2頭のアロサウルスが食べている．何日かのあいだに，死肉食動物が次々とあらわれて死体を食べ，だんだん骨がむきだしになっていく．

によって，恐竜やその生活，恐竜の世界に対する見方も変わった．

中国やモンゴルはわくわくさせてくれる場所だが，この新情報を集めるあいだに，古生物学者たちはほかの地域にも活動の場を広げていた．近頃は，南アメリカの南部（エオラプトル，ヘレラサウルス，ギガノトサウルス，アルゼンチノサウルス），マダガスカル（マシアカサウルス，ラペトサウルスなど），東南アジア（イサノサウルス），北アフリカ（スピノサウルス，カルカロドントサウルス，スコミムス），オーストラリア（ミンミ，ムッタブラサウルス），さらには南極大陸（クリオロフォサウルス）でも，めざましい発見が多くなされている．だが，遠くまで出かけなくても，すぐそばで恐竜が見つかることもある．魚を食べる風変わりな獣脚類バリオニクスは，イギリスで犬を散歩させていた男性が発見した．

化石になる可能性

恐竜人気があるからといって，恐竜化石の数はかなり少ないという事実を忘れてはならない．生物の遺骸が砂や泥などの堆積物に埋もれ，地下水を通して鉱物が染みこんだときに，化石はできる．殻や骨のようにかたい部分はとりわけそうだが，遺体は文字どおり石になる．化石化は海のほうが起きやすい．海では動物や植物の遺骸が海底にどんどん積もり，特に微細な動植物は雨のように降りそそぐ．海底には岩石の母岩より化石のほうが多く含まれることもある．白亜紀後期の特徴であるチョーク（白亜）は，カンザス州のニオブララ白亜層からイギリス南部にある有名な「ドーヴァーの白い岸壁」まで，すべて海生微生物の遺骸からできている．この微生物遺骸が海洋底に積もってぶ厚い堆積層を作った．実をいうと，白亜紀（Cretaceous）という名前自体，ラテン語でチョークを意味するクレタ（creta）という言葉から生まれた．アマチュア化石採集家が集めた化石は，ほとんどが海生生物のものだろう．たとえば三葉虫類や腕足類，アンモナイト類，ベレムナイト類や二枚貝類といったところだ．魚類化石も1個か2個はあるかもしれない．なかには，魚竜類のような海生爬虫類が残した，コーヒーカップの受け皿ぐらいの大きさの椎骨を持っている人もいるだろう．だが，恐竜の化石を見つけるような運のいい人はめったにいない．

陸で化石化が起こる確率は海に比べてはるかに低い．陸上で動物が死ぬのはたいてい，ほかの動物に殺されて食べられる場合だ．死体はほとんど消化されてしまう．ときには，このような経過の最終産物が手に入ることもある．たとえばティラノサウルス・レックスのものとされる大昔の糞には，くだけた骨がたくさん含ま

腐肉食動物や細菌の働きでやわらかい組織がすっかりなくなってしまう前に，腐りかけの死体をてっぽう水がのみこむ．雨がはげしく降って泥が押し寄せ，死体をあっというまにおおって，骨の分解がそれ以上進むのを防ぐ．堆積物が積み重なって死体を包みこみ，前肢以外はすべてそのままの状態で，関節のつながった骨格が保存される．

れている．殺し屋や，そのあとにやってきておこぼれにあずかった死肉食者が食べ残したものは，昆虫から細菌まで，だんだんと小さな生物が片づけてゆくしくみになっている．ほとんどの場合，動物の死体はすべて再利用されて，あとには何も残らない．(こうした決まりのいちばんの例外は歯だ．歯は生物が作り出す物質のなかで最もかたいエナメル質でおおわれている．陸上脊椎動物の化石，特に爬虫類や哺乳類のものは，大半が歯だ．) 化石になる可能性を高めるには，動物が死んですぐに埋もれる必要がある．そうすればばらばらになって腐るのではなく，遺体は安らかな眠りにつくことができる．

　化石になる道はさまざまだ．急に起きた洪水などで死体が湖に流され，湖底の泥に埋もれることもある．ときには，この泥がよどんで酸素を遮断し，酸素を呼吸しながら腐敗を進める細菌から守ってくれる．このようにめったにない条件がそろえば，骨だけでなく，やわらかい組織の多くが保存される．羽毛や最後に食べたものの痕跡まで残った，保存状態がきわめてよい化石はたいてい，もとはよどんだ水底の泥だった泥岩や頁岩のなかから見つかる．もっと多いのは死体が川へ流される場合だ．水に運ばれてただよううちに，死体は腐り，腐敗菌の働きで生じたガスで風船のようにふくらむ．川が曲がっている場所に来ると，死体はうずに巻きこまれて砂州に沈む．やがて死骸は分解し，骨が川床に散らばる．いろいろな化石骨を含む砂岩や泥岩は，このように骨がひっかかる川の湾曲部に堆積したと考えられる．前に紹介したオヴィラプトル類のように，動物が泥流や砂嵐で生き埋めになることもごくまれにある．似たような例はほかにもある．たとえば，氷にとじこめられたり，自然界の塩水で塩漬けにされたり，天然のアスファルトにからめとられたり，ポンペイ遺跡のように火山灰に埋もれてできた化石もある．

　こうしたできごとすべてに共通するのは，めったに起きないという点だ．動物が化石として保存される可能性ははかりしれないほど低く，どんな恐竜化石でも，見つかれば貴重な宝だ．これは重要な意味を持つ．恐竜には形や構造が異なる種類がたくさんあることはすでにわかっているが，それでさえ，全体からするとほんの一部にすぎないのだ．そこで，地響きをたてて歩く巨大動物という，型にはまった恐竜のイメージが見直されている．大きな骨は小さな骨より見つかりやすく，大きな骨格は博物館の呼び物になり，見る者の想像力をかきたてる．おまけに，マスコミが注目し，一般人の頭のなかでは，恐竜の生活に関して不完全で不正確な再現図ができはじめ，そこから離れるのはむずかしくなる．だが，現実はかなり違う．

　科学者が調査に力を入れれば入れるほど，小型の恐竜がたくさん見つかるのだ．こうした小型恐竜を本書ではたくさん取りあげた．なかでも興味をそそる小型恐竜はもちろん鳥類と，その近縁の獣脚類だ．この高度に進化した動物は，恐竜の長い歴史の末に生まれた．だが，体長2m以下の恐竜の大半が温血で，繊維質もしくは羽毛状の断熱材で体がおおわれていたとしても，驚くほどのことではない．こうしたやわらかい毛と温血性は，はるか昔にあらわれた特徴で，恐竜と翼竜類の共通の祖先にも見られたことがそのうちわかるだろう．そして，たぶんこの共通の祖先は，ほとんどの翼竜類や初期の恐竜と同様，小さめの動物だったはずだ．

1. 竜脚類の死体が湖の底に沈む．堆積物がその上に積もって，さらに浸食しにくくなる．

3. 堆積層の下に埋もれた骨が，岩石のなかで変化する．骨質の組織が，別のかたい鉱物の結晶に少しずつ置きかわる．

2. 堆積物がいくえにも積み重なり，骨を完全におおいつくす．長い年月ののちに，湖が干あがる．

4. 時間がたつにつれて，岩石が地殻の運動によって傾き，太古の堆積物とそこに含まれる化石が露出してくる．

太古時間

化石はただめずらしいだけではない．地球史上のあまりにも遠い昔に存在したため，人間の尺度ではつかめない時代のなごりでもあるのだ．人間の生活基準は日単位や週単位，長くてもせいぜい十年単位だが，古生物学者は百万年単位で話をする．百万年といわれても，ぴんとこない数字で，わかりにくい長さだ．ジョン・マクフィーは著書『Basin and Range（盆地と山脈）』のなかで，このようにとほうもない時のへだたりに対して「Deep Time（太古時間）」という用語を作り出している．

恐竜が生きていたのは，およそ2億5100万年前から6550万年前まで続いた中生代である．中生代はこれより短い3つの期間，つまり紀に分けられる（といっても，やはり長いことに変わりはない）．最初の紀である三畳紀は，2億5100万年前から1億9960万年前まで続いた．ジュラ紀（1億9960万年前から1億4550万年前）は恐竜時代の最盛期で，とりわけ大型竜脚類にとって絶頂の時期だった．これに続く白亜紀（1億4550万年前から6550万年前）に恐竜は多様性をきわめ，最後には突然姿を消す．中生代自体はかなりの長さになるが，地球の歴史全体からすると短い期間でしかない．地球が誕生したのはおよそ45億年前と考えられている．肉眼で確認できる大きさの動植物が初めて登場したのは6億年前で，この頃までに地球史の9割近い時間が過ぎていた．6億年前から5億年前までのあいだに爆発的な進化が起こり，最初の脊椎動物を含めて，現在見られる動物の先祖がほとんど出現した．4億年前には，おずおずと陸へあがってみる動植物があらわれ，3億6000万年前には，最初の両生類がそのなかま入りをはたしていた．恐竜が絶滅したあと，ティラノサウルス・レックスがそれまでしめていた，巨大でどうもうな2足歩行の肉食動物という役柄をひきついだのは，現在のツル類のなかまで体の大きな飛べない鳥たちだった．ありがたいことに，その支配は長続きせず，勢力を拡大した哺乳類が王座を奪って，比較的最近までそこにすわり続けていた．よくいうように，あとは知ってのとおりだ．

同じなかま

アダムがエデンの園で動物に名前をつけるように勧められて以来，何でも分類したくなるのが人間の本性であるらしく，無秩序な自然に序列という考えを押しつけたがる．最初に恐竜が分類されたのはもちろん，進化論より前だ．恐竜は爬虫類として分類され，まずは，オーウェンが作った「恐竜」という用語が，中生代の大型陸生爬虫類にあてはめられた．1860年代，進化論が世に出るとすぐに，ダーウィンの友人トマス・ヘンリー・ハクスリー（1825～1895）が，恐竜と鳥類が似ていることに気づく．ハクスリーはオルニトスケリダという爬虫類の新しい目を考えだし，これを2つの亜目，ディノサウリア（イグアノドンとそのなかま，メガロサウルスなどの肉食恐竜，そしてスケリドサウルスのような装甲を持つ恐竜）と，コンプソグナタ（コンプソグナトゥスなど，鳥に似た小型の恐竜）に分けた．

現在の分類体系によると，恐竜は主竜類（「支配的爬虫類」）と呼ばれる爬虫類の大グループに入れられる．ここにはワニ類のほかに，飛行性の翼竜類など絶滅した種類もいくらか含まれる．カメ類やトカゲ類，ヘビ類といったほかの爬虫類は，主竜類には属

KEY TO DINOSAURS

1. コエロフィシス
2. エオラプトル
3. ヘレラサウルス
4. リリエンステルヌス
5. プラテオサウルス
6. イサノサウルス
7. アロサウルス
8. ケラトサウルス
9. ディプロドクス
10. オルニトレステス
11. ステゴサウルス
12. 始祖鳥
13. コンプソグナトゥス
14. スケリドサウルス
15. ブラキオサウルス
16. マメンチサウルス
17. トゥオジャンゴサウルス
18. ヤンチュアノサウルス
19. クリオロフォサウルス
20. マッソスポンディルス
21. アクロカントサウルス
22. デイノニクス
23. ズニケラトプス
24. アマルガサウルス
25. カルノタウルス
26. バリオニクス
27. エオティラヌス
28. ヒプシロフォドン
29. イグアノドン
30. スキピオニクス
31. エジプトサウルス
32. カルカロドントサウルス
33. オウラノサウルス
34. スコミムス
35. ベイピアオサウルス
36. ミクロラプトル
37. プシッタコサウルス
38. シノヴェナトル
39. シノサウロプテリクス
40. ミンミ
41. ムッタブラサウルス
42. エドモントニア
43. パキケファロサウルス
44. トリケラトプス
45. ティラノサウルス
46. ギガノトサウルス
47. サルタサウルス
48. マシアカサウルス
49. ラペトサウルス
50. スピノサウルス
51. デイノケイルス
52. ガリミムス
53. オヴィラプトル
54. プロトケラトプス
55. シュヴウイア
56. テリジノサウルス
57. ヴェロキラプトル
58. カロノサウルス

地球の誕生
MYA＝百万年前

4500 MYA
どろどろに溶けていた地球の表面が冷えてくる
最初の岩石が形成される

4000 MYA

初期の大気
3500 MYA
最初のバクテリアがあらわれる

3000 MYA

2500 MYA
海洋にとけこんだ鉄分をシアノバクテリアが酸化

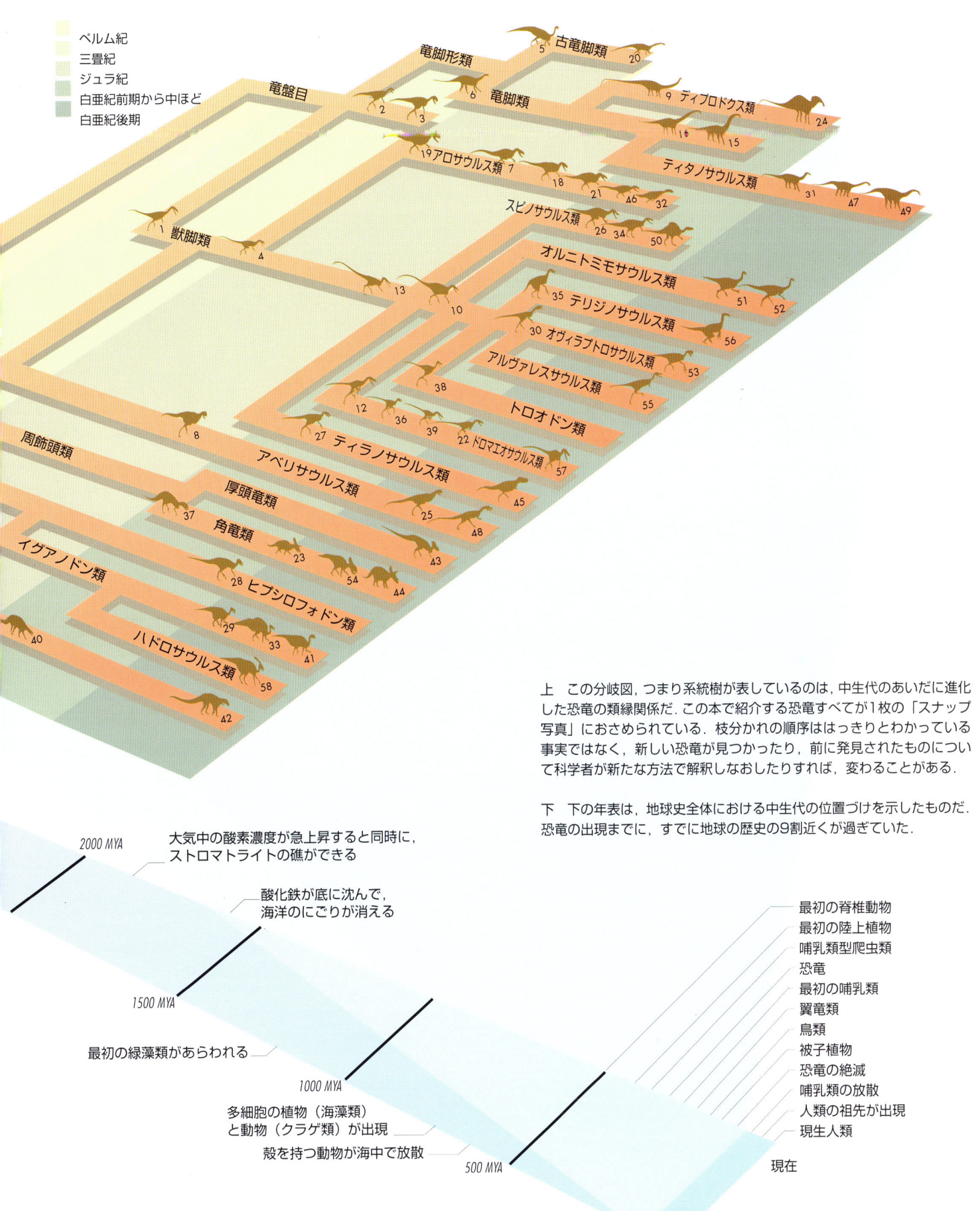

上 この分岐図，つまり系統樹が表しているのは，中生代のあいだに進化した恐竜の類縁関係だ．この本で紹介する恐竜すべてが1枚の「スナップ写真」におさめられている．枝分かれの順序ははっきりとわかっている事実ではなく，新しい恐竜が見つかったり，前に発見されたものについて科学者が新たな方法で解釈しなおしたりすれば，変わることがある．

下 下の年表は，地球史全体における中生代の位置づけを示したものだ．恐竜の出現までに，すでに地球の歴史の9割近くが過ぎていた．

さない．恐竜は，骨盤の形の違いによって，鳥盤類（鳥型の骨盤を持つ）と竜盤類（トカゲ型の骨盤を持つ）という2つの大きなグループに分けられる．

鳥盤類にはたくさんの植物食恐竜が含まれる．たとえば鳥脚類（イグアノドンとそのなかま）や，白亜紀にそこから枝分かれしたハドロサウルス類，トリケラトプスのような角竜類，そして，剣竜類やヨロイ竜類などを含む武装恐竜すなわち装盾類だ．

竜盤類には，ブラキオサウルスやディプロドクスといった巨大な竜脚類と，獣脚類が含まれる．獣脚類の大半は肉食で，小さなミクロラプトルから巨大なティラノサウルスまで，多種多様な恐竜がそろっている．また，不思議なデイノケイルスから奇妙なテリジノサウルスまで，おもしろい恐竜たちがたくさん見られる．羽毛を持っていたことがわかっている恐竜はすべて獣脚類に分類される．もちろん鳥類もここに入る．近年のめざましい恐竜発見は大部分が獣脚類に関するものであり，どうしても集中的に取りあげることになるので，扱い方がかたよっていると思われてもしかたない．

この本では，きわめて新しい決まりにしたがい，どの恐竜もほかの恐竜の「祖先」としてとらえないようにしている．たとえば古竜脚類は普通，竜脚類より原始的だと見られていて，生息時期もたいてい竜脚類より前に位置している．だからといって，古竜脚類は竜脚類の祖先だという意味にはならず，せいぜい近い親戚という言い方しかできない．

「太古時間」の問題をうまく説明するために，古生物学者たちは，すべての動物を多かれ少なかれ親戚とみなして分類図を描く傾向がある．動物たちが生きていた時代を考えに入れず，祖先や子孫も想定しないこの方法は，分岐論と呼ばれている．くわしく知りたい人は，ヘンリー・ジーの著書『In Search of Deep Time（太古時間の探求）』を読んでほしい．

恐竜と鳥

鳥類と恐竜の関係については長いあいだ議論が続いているが，問題になっているのは化石よりもむしろ解釈のしかたのほうだ．ハクスリーの時代以降，恐竜と鳥類にたくさんの共通点があることは明らかとされている．古生物学者たちはたいてい鳥類を主竜類とみなしてきたし，主竜類のなかでもある特定の恐竜と近縁だとまで考えている．どの恐竜グループで飛翔が始まったかといった問題は二の次にされていた．とにかく，解剖学的構造を見れば疑いの余地はなく，そうした恐竜たちが飛べたかどうかなどたいして重要ではないと思われたのだ．

最近になって，一部の鳥類学者たちがこの見方に異論をとなえ，鳥類の起源は飛翔の起源と密接に結びついていると言い始めた．つまり，鳥類は樹上にすむトカゲに似た小型動物から生じ，空を飛ぶ生活にだんだんなれて，少しずつ鳥へと変化していったというのだ．恐竜は樹上にすむ小型の4足歩行動物ではなく，地上で生活する2足歩行動物だったので，鳥類の祖先ではありえない，とこのような学者たちは主張する．知られているかぎり最古の鳥（始祖鳥）は，鳥類に最も近いとされている獣脚類より何百万年も前に生きていた．また，鳥類の手の構造を恐竜の同じ部分と比べると，細部に大きな違いがあるので，鳥類が恐竜から進化したはずがないという．

1番目の反対理由は簡単にくつがえせる．太古の昔に起きたかもしれないし起きなかったかもしれないできごとについて，確認もできないのに断定し，それをもとに学説をとなえたり打ち破ったりすることはできないからだ．2番目の根拠もすぐにくずせる．なぜなら，化石記録ははかりしれないほど不完全だからだ．今でも始祖鳥は知られているかぎり最古の鳥で，ジュラ紀の終わりに生息していた．あらわれたのは1億5000万年前である．中国では最近，白亜紀前期（1億4550万年前から9960万年前）の地層から鳥に似た恐竜がたくさん見つかったが，始祖鳥が出現したのはこれより2000万年も前になる．しかし，この事実だけで近縁関係を否定することはできない．ここからいえるのは，鳥類の起源を探るにははるか遠くジュラ紀までさかのぼる必要があるということだけだ．わかっているだけでも化石記録がどれほど不十分であるかを考えると，これも驚くにはあたらない．なにしろ，シーラカンスと呼ばれる原始的な魚類は，20世紀に入ってかなり

上 まだ名前がついていないこの化石は，中国の遼寧省で見つかった白亜紀前期の小型獣脚類で，羽毛状の外皮がくっきりと残っている．恐竜と鳥類のあいだに類縁関係があったことを示す証拠として，これほど明らかなものはない．

左ページ 「綿毛をまとった略奪者」が初期の鳥類，孔子鳥をつかまえたところ．ルイス・レイによる再現図．

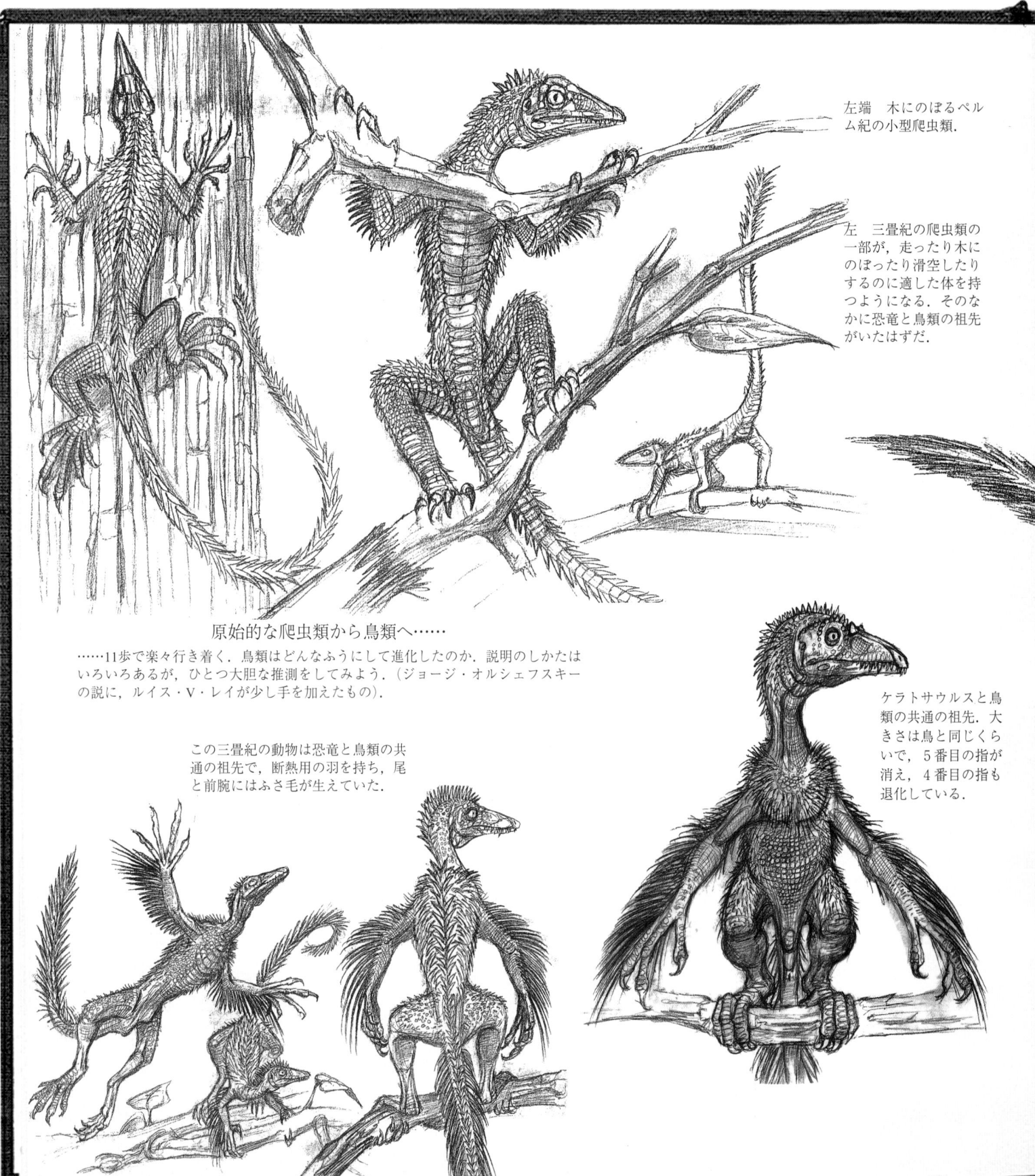

左端　木にのぼるペルム紀の小型爬虫類.

左　三畳紀の爬虫類の一部が，走ったり木にのぼったり滑空したりするのに適した体を持つようになる．そのなかに恐竜と鳥類の祖先がいたはずだ．

原始的な爬虫類から鳥類へ……

……11歩で楽々行き着く．鳥類はどんなふうにして進化したのか．説明のしかたはいろいろあるが，ひとつ大胆な推測をしてみよう．（ジョージ・オルシェフスキーの説に，ルイス・V・レイが少し手を加えたもの）．

この三畳紀の動物は恐竜と鳥類の共通の祖先で，断熱用の羽を持ち，尾と前腕にはふさ毛が生えていた．

ケラトサウルスと鳥類の共通の祖先．大きさは鳥と同じくらいで，5番目の指が消え，4番目の指も退化している．

原始的な爬虫類から鳥類へ | 17

右　祖先のドロマエオサウルス類．3本のかぎ爪と，折りたためる「つばさ」，羽毛でふちどられたかたい尾がついている．

右　知られているかぎり最古の鳥，始祖鳥．

下　アロサウルス，高等な獣脚類，鳥類にとって共通の祖先．指は3本で，原羽毛が体全体をおおっている．

右下　初期の「現代型」鳥類，イクチオルニス．指が融合し，かぎ爪がなくなっているが，あごにはまだ歯が生えている．
左下　イベロメソルニスは，エナンティオルニティネス類という空を飛ぶ鳥類に属しているが，このグループは飛行性の現代型鳥類にはつながっていない．

上　ハクトウワシ．完全な現代型鳥類．

18 | はじめに

恐竜と鳥 | 19

左　白亜紀前期の中国．樹上にすむ恐竜エピデンドロサウルス（左）2匹が，長くのびた第3指を利用して樹皮の下から幼虫を誘いだしている．一方，ミクロラプトル（右）の群れは4つの「つばさ」を使って樹冠のなかをすばやくはねまわっている．

たった頃に，生きたまま発見されたのだから．絶滅したと思われた時期からたっぷり8000万年のちのことだ．これは，現在のモンゴルで砂漠の道を歩いているときに，歯をむきだしたヴェロキラプトルの群れが飛びはねながら近づいてくる姿を目にするのと同じくらい，ありそうもないことだった．

　手の構造に着目した3番目の根拠は，もっとめんどうだ．ほとんどの陸上脊椎動物と同様，爬虫類の手にも最初は5本の指があった．原始的な恐竜の指も5本だったが，鳥類に最も近いと考えられている種類も含めて，獣脚類の大半で指の数は3本に減っている．この3本の指が親指，人さし指，中指にあたることははっきりしている．専門用語を使うと，恐竜は原初の手の第1指，第2指，第3指を保持している，ということになる．現生鳥類の手はつばさの一部になり，極端にちぢんで変化しているが，それでも基本構造は3本指のようだ．しかし，鳥類の胚の発生を調べると，どうもこの3本は人さし指と中指と薬指，つまり第2指，第3指，第4指にあたるらしい．鳥類と恐竜は近縁だと主張する者にとって，これはやっかいな問題であり，いまだに解決されていない．だが，この議論の基盤になっている発生学の研究は，解釈のしかたで結果がいくらか違ってくる．胚を顕微鏡でのぞいて，小さな軟骨のかたまりを観察し，第何指になる芽だと自信を持って断言するのはとてもむずかしい．また，発生の途中で指の位置が性質を変える可能性もあるので，胚の段階では第1指のように見えたものが，成長したあと第2指になることもありうる．それにもちろん，比較の材料になるような恐竜の胚も手に入っていない．

　それでも古生物学者は，鳥類と恐竜が共有する特徴を数多く指摘し，たった1つの問題点にこだわるより共通点を重視すべきだと主張することができる．こうした共通の特徴としては，融合した鎖骨つまり「叉骨」の存在や，ある種の骨でなかに空洞が生じる点（鳥類ではその穴に肺の拡張部が入りこんでいる），脚の骨の一部が融合する傾向，そして頭の骨がある方法で改良されていることなどがあげられる．手首の骨や，手首の動き方にもよく似た特徴がみとめられ，一部の恐竜は，鳥がつばさをたたむように，手を横向きに折りたたむことができたのではないかと推測されている．これは鳥類と恐竜のあいだに共通の祖先がいたことをはっきり物語る重要な証拠だ，と古生物学者は考えている．一方，鳥類学者はこれを収斂のせいにしている．収斂とは，類縁関係のないグループのあいだで似通った特徴が生じる現象である．

　このような議論がかなり進んでいた1990年代後半に，中国の研究者たちが，羽毛のある恐竜を数種類見つけたことを発表した．古生物学者にとって羽毛の存在は，鳥類と恐竜の類似点を並べた長いリストにあと1つ項目が付け加わったにすぎなかった．似た特徴がこれだけあるのなら，恐竜の羽毛が見つかる日がそのうち来るだろう，と多くの古生物学者（と，ルイス・V・レイを含む画家たち）は思っていた．しかし，鳥類学者にとって，恐竜に羽毛が見つかったことは強烈な打撃だった．羽毛の存在は鳥の象徴だと考えられている．つまり，羽毛は現在，鳥類にしか見られず，また，現生鳥類はすべて羽毛を持っている．羽毛は，鳥類で飛翔

いろいろなドロマエオサウルス類
鳥類にいちばん近い絶滅動物．左から右へ，バンビラプトル，ラホナヴィス（飛行性），シノルニトサウルス，デイノニクス，ヴェロキラプトル．うしろのほうに見えるのは，体長が7mあるユタラプトルの脚．

左 およそ2億3000万年前の三畳紀の中頃，地球の陸塊の大半が結合してできた，パンゲアと呼ばれる1つの超大陸が南北にのびていた．
下 1億9960万年前のジュラ紀前期には，パンゲアは分裂を起こし，ゴンドワナ大陸が北へ向かって移動し始めていた．

が進化したことを示す決定的なしるしなのだ．こうした理由から，羽毛は，鳥類と飛翔が密接に結びついて進化したことを意味するようになった．だからといって，ここから，鳥類以外の動物では羽毛が進化しなかった，という結論は導き出せない．もっと大きな動物グループで羽毛が生じ，鳥類もそこから進化した可能性は否定できない．鳥類学者にとって致命的な一撃は，羽毛を持つ恐竜のほとんどは，コンクリートブロックと同様，まったく飛べなかったらしいということだ．つまり，羽毛の進化は飛翔の起源より前に起きていたのだ．鳥類学者はこうした発見をかなり疑ってかかり，恐竜以外の化石爬虫類で羽毛の証拠を残すものを探そうとまでしたが，こうした努力はむだに終わった．ついでに，おもしろい説を紹介しておこう．ずいぶん前から何度も出され，古生物学者で画家のグレゴリー・ポールが最近になってさらに推し進めている説だが，地上で生活していたように見える恐竜の多くは，現在のダチョウやペンギンと同じように，もともとあった飛ぶ能力をあとで失ったというのだ．つまり，まだ化石は見つかっていないが，飛ぶことができた祖先から進化したという解釈である．はたして恐竜のなかには，地上に落ちたドラゴンが本当にいるのだろうか？

この本にのせた恐竜の系統樹はごく最近の研究結果にもとづいているが，最終結論ではない．新しい恐竜が発見されるたびに，全体のなかでの位置づけを示す証拠が加わるので，恐竜どうしの関係については毎週のように解釈が変わっている．恐竜の系統樹でいちばん変更が多いのは獣脚類に関する部分だろう．獣脚類は現在，とりわけさかんに研究されている分野であり，羽毛を持つ恐竜が今までのところこのグループからしか発見されていないことを考えると，これは当然だ．竜脚類の相互関係にも関心が集まっているが，そのほかにも注目されているテーマとして，ヘレラサウルスやエオラプトルなど獣脚類に似た原始的恐竜の位置づけをあげることができる．これらの恐竜は原始的な獣脚類だと考える者がいる一方で，獣脚類と竜脚類の区別が確立する前に系統樹から枝分かれした，未分化の原始的な恐竜だとみなす者もいる．

中生代の世界

恐竜の時代は，1億8550万年のあいだ続いた中生代のほぼ全体にわたっている．この期間を前後から区切るのは2つの急激な変化，つまりペルム紀と白亜紀の終わりに起きた大量絶滅だ．この長い期間のあいだに，地球の表面は大陸移動によって大きく変わった．大陸移動という現象は非常にゆっくり進むので，人間が生きているあいだに見て確認できるものではないが，たっぷり時間をかけて地球上の生物やその進化に影響をおよぼす．

ごく最近まで，地質学者たちは，大陸の位置関係はこの世が始まったときから固定されていると考えていた．この説に対する疑問は，あれやこれやと信じがたい発見がなされるたびに何度も生じたが，どれも時間の推移という説明で片づけられた．たとえば，基本的には同じ動物が大きく離れた大陸のあいだで見つかるのは，その昔，大陸どうしをつなぐ「陸橋」があったからだというのだ．山頂の岩に貝殻の化石が含まれるのは，海面が極端に上昇（そして下降）した結果と考えられた．しかし，大陸どうしがジグソーパズルのように組みあわさるというおもしろい事実に気づく者があらわれ，不変の大陸という考え方に異議をとなえるようになる．たとえば，南アメリカの北東岸はアフリカ大西洋岸のギニア湾にぴったりはまる．さらに，ヨーロッパ北部で発見される化石の多くは，北アメリカにあるよく似た種類の岩石にも含まれていた．このようなことが偶然の一致で起きるはずがない．北アメリカとヨーロッパ，あるいは南アメリカとアフリカがかつてつながっていて，まだわかっていないプロセスによって切り離されたのだとしたら？ 問題は，大陸移動のしくみとして納得のいく説が出されていないことだった．

これを解決したのは次のような発想だった．大陸でも海洋でも，地殻はすべて，1つのシステムのもとにまとめられ，それによって大陸移動や，そのほかのさまざまな現象も説明できるという考え方で，海洋底の地球物理学的調査によってこれを裏づける証拠も得られた．やがてわかるように，地球の表面は「プレート」と呼ばれる部分に分かれている．プレートはかたい岩の板で，流動性のある熱い物質の上にのっている．海洋のプレートは「中央海嶺」と呼ばれる海中の火山列や，地震断層線，海洋底の深いくぼみ「海溝」によって区切られている．中央海嶺では，地球の内部から溶けた岩石がわきあがって新しい海洋底を作っている．岩石が次々とできるにつれて，海洋底は中央海嶺から外へと広がっていく．そこで，中央海嶺からの距離によって海洋底の年代を知ることができる．中央海嶺から遠いほど，海洋底の年代は古い．すると，海洋底のどこかには地球の起源までさかのぼる部分がきっとあると思うだろう．だが，それはありえない．なぜなら，もし

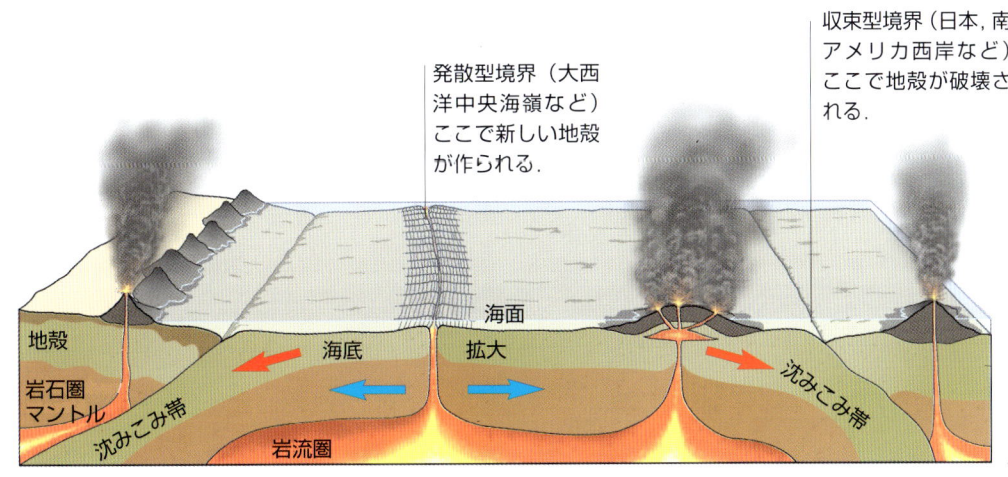

左　中央海嶺では，新しい海洋地殻がたえず作られている．大陸を含むプレートに新しい地殻が加わると，大陸は，発達する海嶺から外へ押しやられる．何百万年ものあいだに，この活動によって大陸は地球の表面を何千kmも移動する．沈みこみ帯と呼ばれるプレート境界では，海洋地殻が地球の内部へ押しこまれ，地震や火山活動を起こしていることもある．

左　およそ1億4550万年前，ジュラ紀の終わりには，ローラシア西部がゴンドワナから完全に切り離されて，現在見慣れている北アメリカ陸塊の形に近づき始めた．インド，オーストラリア，南極大陸も分離しかけていた．
下　6550万年前，白亜紀後期の大陸は，今の私たちが見てもどこだかわかる姿になっていたが，このあと少しばかり形が変わる．オーストラリアはおなじみの場所におさまろうとしている．インドはアジア南部と衝撃の出会いを果たそうとしている．

そんな岩石が残っているとすれば，地球は風船のようにゆっくりとふくらんでいるはずだが，（私たちが知るかぎり）地球は最初からほぼ同じ大きさを保ち続けてきた．実は，これまで確認されているなかで最古の海洋底はせいぜいジュラ紀のものでしかない．では，それ以前の海洋底はどうなったのか？　中央海嶺で岩石ができるかわりに，埋め合わせとして，古い海洋底は海溝から地球の奥深くにもぐりこむ．このしくみのなかで，再循環されてしまったのだ．こうして地球の表面は，海嶺と海溝でいくつもの領域にはっきり区分され，岩石が海嶺でたえまなく生まれては，海溝に消えている．

移動する大陸

新しく形成される大陸があれば，姿を消す大陸もある．大陸の岩石が浸食や風化作用を受けると，海洋底に堆積物が沈殿するのと同じ理屈で，堆積岩のたまった盆地が作られる．大陸の下にホットスポットが生じたり，ときには中央海嶺が新たに生まれて，大陸が2つに割れることもある．大陸がプレートの端に位置し，となりのプレートにのった別の大陸のほうへ移動していれば，2つの大陸がぶつかって，巨大な山脈ができる．

たとえば，シベリアは何十億年も昔に，海に浮かぶ島がたくさん集まってできた太古の大陸塊だ．ペルム紀に入ると，シベリアとバルティカの大陸が衝突してウラル山脈がもりあがった．そして，こうした過程でできた盆地に，化石をたくさん含む堆積物がたっぷり積もった．実は，ペルム紀という名前は，ウラル山脈南部にあるペルムという都市にちなんでいる．ほぼ同じ頃，この陸塊は地球上にあったほかの陸塊の大部分と合体して，パンゲアと呼ばれる1つの巨大大陸を作っている．新しい中央海嶺ができると，この巨大大陸はゆっくりと分裂したが，一部はかなりあとになって再び衝突した．恐竜の絶滅からずいぶんたったときに，現在のインドにあたる大陸塊が，ユーラシア・プレートの南端にぶつかって，ヒマラヤ山脈ができた．現在もまだ続いているこの運動によって，インドの北端はチベットの下にゆっくりと引きずりこまれ，「沈みこんで」いる．

長い目で見ると，地球は，地質学者たちが以前思っていたような静止状態とはまったく異なる．大陸は常に動いていて，合体と分裂という両極端のあいだを行き来している．大陸の動きは生物に大きな影響を与えてきた．複数の大陸が集まって1つの大きな陸塊を作ったペルム紀には，海の生物がすむ大陸棚の範囲が狭くなり，これが一因となってこの紀の終わりに大量絶滅が起きたと思われる．ジュラ紀には，南極大陸はまだ南極にはなく，北極も，現在のようにほぼ閉じた北極海に取り囲まれてはいなかった．その結果，温かい水が自由に循環して極地方にも流れこみ，暖かい気候が地球全体にむらなく広がっていた．ところが，大陸が今見られるような位置に近づくと，気候にもっとはっきりした違いが

出てきた．インドがアジアにぶつかって高い山脈ができたせいで，地球全体の空気循環が乱れ，モンスーンが生じた．そして，たぶんその影響で地球はじわじわと冷えて乾燥し，やがて氷河期を迎え，ここでやっと現在の人類が生まれる．一方，恐竜の運命は大陸の移動に左右され，超大陸パンゲアがゆっくりと分裂したことで全体の流れが決まったようだ．

　三畳紀のはじめ，世界はペルム紀終わりの大量絶滅から回復しつつあった．この絶滅事件では，海生生物の種の96％以上が姿を消し，陸上でも同じくらいたくさんの種が死滅した．どの海からも遠く離れたパンゲアの中心部は荒れ果てた広大な砂漠になっていた可能性がある．三畳紀に入って世界がまた安定してくると，知られているかぎり最古のカエル類やカメ類，哺乳類を含む，数多くの動物種が陸上に出現した．そのなかには，今では絶滅種となってしまった興味深い爬虫類が何種類もいた．恐竜はその1つにすぎず，三畳紀後期に初めて姿を現している．三畳紀の恐竜は，鳥盤類も竜盤類も，大半が小型の2足歩行をする動物だった．この紀の終わりに一部の種類が非常に大きくなり，三畳紀末に，最初の竜脚類があらわれる．

　ジュラ紀にもまだ，世界中の大陸は多かれ少なかれつながったままだったので，場所が違っても恐竜はたがいに似通っていた．白亜紀に入ると大陸は分裂を始めて現在に近い形をとるようになり，多様性が拡大する．いくつもの陸塊に分かれてすむことになった恐竜は，それぞれ独自の進化をとげ，地域によってはっきり異なる動物相ができあがった．たとえば，ハドロサウルス類と角竜類は，当時，合体して1つの島大陸になっていたアジア東部と北アメリカ西部で見つかる．アベリサウルス類の獣脚類など，ほかの恐竜の生息域は南部の大陸だった．全体として，獣脚類は多様化が驚くほど進んでいて，巨大なティラノサウルスからちっぽけなミクロラプトルまで，体のサイズにも大きな違いが見られる．

　しかし，白亜紀で最も重要なできごといえば，被子植物が地球の生態環境にしっかり根づいたことだろう．被子植物ははじめのうち低地の水辺にとどまっていたが（スイレン類は最も古い被子植物の一例），次第に地表に広がり，多様化しながら，まったく新しい種類の森を作り，今までとは違った風景を生みだした．被子植物といっしょに，花粉を媒介する昆虫もあらわれ，現在と基本的には変わらない生態環境ができ始めた．

恐竜の最後

　恐竜が突然姿を消したのは明らかで，古生物学では疑う余地のない事柄とされている．遠い昔に起きた絶滅の場合は特に（目撃した人間などまわりにはいないので），考えられうる原因と，その結果を確実に結びつけることはできない．そのため古生物学者たちは，恐竜が死滅した理由としてありとあらゆる説を好き勝手にとなえてきた．

　たとえば，気候の極端な温暖化や寒冷化，過度の湿気や乾燥，あるいはこうした要因の組み合わせで説明するのもその一例だ．恐竜は新種の病気にかかって死んだという説もある．原因としては，（新たに登場した被子植物がもたらした）花粉症，酸性雨，火山噴火，超新星からの放射線，小惑星の衝突，消化不良，性的不能などもあげられた．卵の殻がうすくなりすぎたため，卵がかえる前にこわれてしまったとか，逆に厚すぎたため，赤ん坊が外に出られなかった，という説もある．卵や赤ん坊が，新たに進化し

およそ6550万年前に小惑星が地球に衝突し，大規模な破壊を引き起こしたのは間違いない．しかし，小惑星衝突によって恐竜が絶滅したことの裏づけは，いつまでたっても状況証拠のままだろう．なにしろ，特殊化した恐竜である鳥類は，この危機を生きのびたのだから．

てきた哺乳類のえじきになったのかもしれない．もしかすると，百獣の王の座に長くいすぎたせいで，することがなくなり，退屈で死んでしまったのだろうか．こうした説はすべて，恐竜絶滅の原因として過去に出されたものだ．今現在，有力な説は小惑星衝突説である．6550万年前，マンハッタン島の半分ほどもある地球外物体が，時速何万kmというスピードで飛んできて，現在のメキシコのカリブ海岸にあたる場所に衝突したことは確かだ．このような衝突が起きれば世界中が荒廃したにちがいない．そして，いちばん大きな被害を受けた生物のなかに恐竜がいた可能性はある．

　恐竜の大量絶滅について考えるとき，問題点が3つある．

　まず1つ目は，多くの古生物学者が思っているような形で，原因と結果を結びつけるのは無理だということだ．小惑星のかけらをくわえたティラノサウルス・レックスの化石を見つけるまで，恐竜が全部いっぺんに死んだことはおろか，たった1頭の恐竜についても，本当に小惑星が死因かどうかわかるはずがない．

　ここから2番目の問題点が浮かびあがる．絶滅はいちどきに起きるもので，大きな鎌を振りおろすようにグループ全体が一撃で斬りすてられる，と思われがちだが，実際は，別々に死を迎えた個体をたくさんまとめて扱っただけで，それぞれの死に方はかなり違っていたかもしれないのだ．

　3番目の問題は，絶滅は日常茶飯事ということだ．種は毎日のように消えている．それに対して大量絶滅は，生物が死滅する度合いが全体的にあがってくることを意味する．だが，どこまで度合いが高まれば，「大量絶滅」現象とみなされ，その広範囲の絶滅をもたらした特定要因の追求が必要になるのか．これは解釈次第だ．

　それでも，恐竜の絶滅について私たちなりの見方を示しておきたい．すべては体の大きさに関係がある，と私たちは考えている．およそ1万年前，氷河時代の終わりに，ゴールデン・レトリーバーより大きな動物はほとんど消滅した．最近まで，マンモスやバイソン，大型種のシカなど，大きな動物は比較的ありふれた存在だ

った．巨大な地上生ナマケモノが南北アメリカ大陸を歩きまわり，巨大なカンガルーがオーストラリアをはねまわっていたが，今はもうそうした姿は見られない．人間があらわれてこうした動物を殺したのだ，という見方も可能だし，十分ありうることだが，絶滅の原因が何であったにせよ，小型動物より大型動物のほうが絶滅しやすかったのではないかと思う．大型動物は目につきやすく，身を隠す場所は少ない．また，小型動物に比べて繁殖回数が少なく，子供の数も少ない．恐竜を滅ぼした原因が何であれ，大型の種のほうが絶滅事件によって大きな被害を受け，鳥類のように小型の種は痛手を受けなかったものと思われる．

このフィールドガイドの使い方

この本は大部分がフィールドガイドの形になっている．タイム・トラベル好きのサファリ・ファンが使いやすいようにと考えたためだ．さし絵や説明では，選びぬいた恐竜を生きている動物のように扱い，外見や習性，事実にいちばん近いと思われる生息環境を細かく描写し，生態について解説した．また，時代や場所

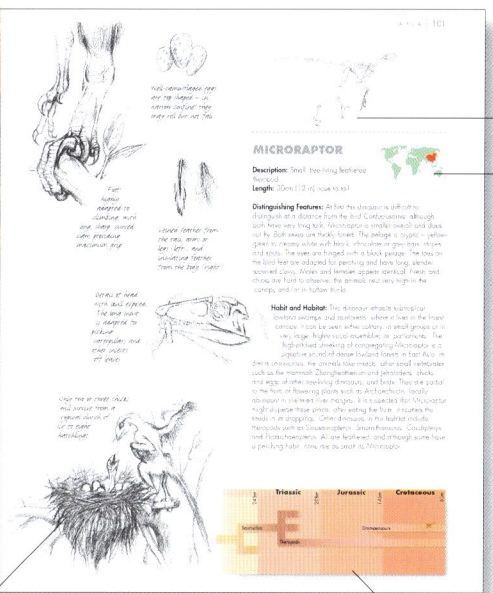

ルイス・V・レイは，恐竜を自然環境のなかに置き，あざやかな色や微妙な質感を出しながら恐竜の世界をよみがえらせている．

各恐竜の構造をていねいに描いた骨格図．

その種類の恐竜が見つかる場所を示した世界地図．

それぞれの恐竜が属している「系統」と生息していた時期を表した，簡単な分岐図．

時代を区切る年数については2004年に改訂されたので，各章の始まりと本文中の記事で採用した．

恐竜の形態を図に描いて解説を加え，その特徴や習性を細かく描写している．

を把握しやすいように小さな図解も入れた．中生代の時代区分としては，三畳紀，ジュラ紀，白亜紀前期から中ほど，白亜紀後期の4つを設けたが，これには理由がある．恐竜時代最後の2000万年に関する情報は，それ以前の1億3000万年と同じくらいの量になると思われるので，バランスをとるために白亜紀を2つの時期に分けたからだ．恐竜がどの大陸にいたかということもくわしく書いたが，わかりやすいように，現在の大陸と関連させて説明した．中生代から世界は大きく変化しているが，大陸は現代人が見ても確認できるような形を取り始めていた．したがって，おおまかではあるが，さまざまな恐竜の分布を現在の陸塊に置きかえて説明することは可能だ．

最後に1つ，注意しておきたいことがある．以下の内容を信じるかどうかは読者の自由だ．私たちの推測をとんでもないでたらめとしてはねつける読者もいるだろう．これはある意味，もっともしごくな意見だ．なぜなら，中生代に生きていた恐竜の真の姿は，この本に描かれているどころではなく，ずっと奇妙だったことは間違いないからだ．

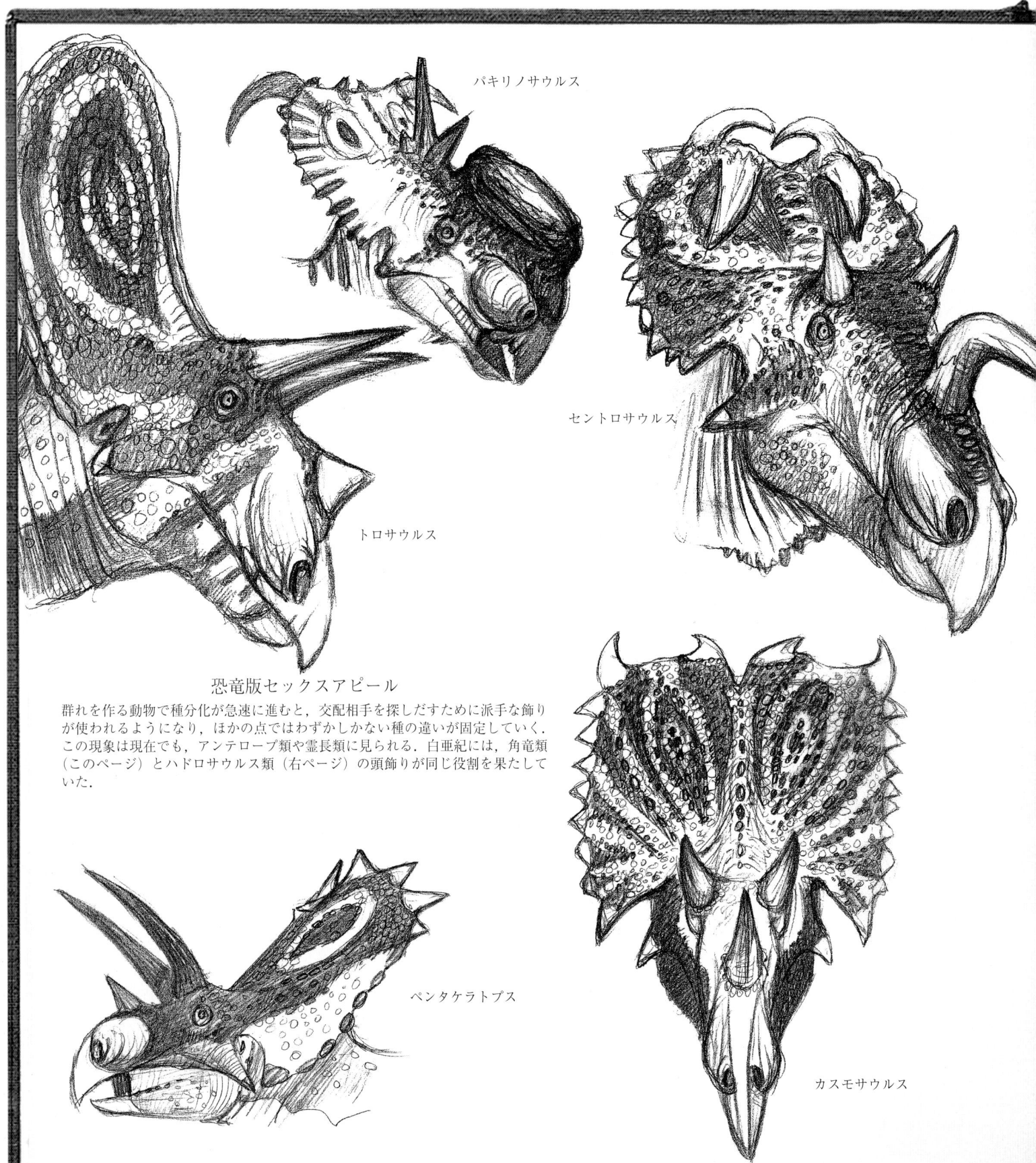

恐竜版セックスアピール

群れを作る動物で種分化が急速に進むと，交配相手を探しだすために派手な飾りが使われるようになり，ほかの点ではわずかしかない種の違いが固定していく．この現象は現在でも，アンテロープ類や霊長類に見られる．白亜紀には，角竜類（このページ）とハドロサウルス類（右ページ）の頭飾りが同じ役割を果たしていた．

The Triassic

251.0 to 199.6 million years ago

三畳紀

2億5100万年前から1億9960万年前

period

30 | 三畳紀

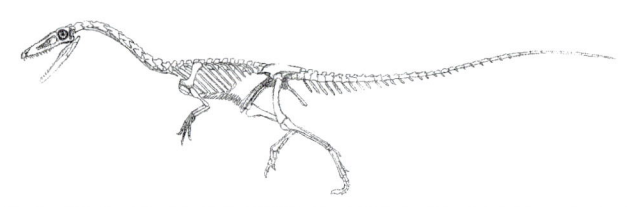

コエロフィシス *Coelophysis*
[中空型]

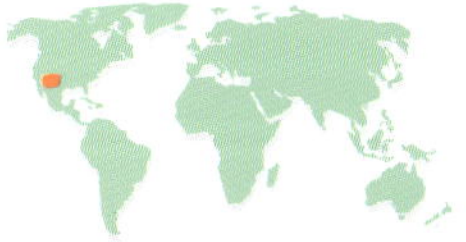

種　類： 小型で原始的な獣脚類
全　長： 2〜4m（鼻から尾まで）

特　徴： コエロフィシスは数種いることがわかっている。ここに描かれているのはコエロフィシス・バウリだ。コエロフィシス類はとても長い尾を持ち、びんしょうで足が速い。この時代の獣脚類にはめずらしく、群れで行動することが多い。体の色は灰色から青緑色で、カムフラージュのためにエメラルドグリーンのしま模様がついている。顔のまわりにはまっ赤な肉垂があり、鼻先はやまぶき色をしている。オスとメスは似たようなサイズだが、オスのほうがやや大きく、体つきががっしりしている。1年中いつでも交尾ができ、オスは受け入れてくれるメスを「守り」、他のオスを追いはらいながら交尾をしようとする。ところが、メスはたいてい複数のオスと交尾し、緑色の卵を1回につき6個から8個産む。そして卵に植物をうすくかぶせて、放置する。卵がかえるのは4週間から5週間後だ。赤ん坊は早成性で、小さなおとなのように動きまわれるので、生まれるとすぐに、えさになる小型の無脊椎動物を探し始める。

習性と生息地： 必ず40頭から80頭の群れで行動している。群れにはあらゆる年齢のオスとメスがいる。一腹の赤ん坊に複数の父親が存在することもあるので、いつも群れを作っているのは明らかだといわれている。しかし、竜脚類の群れと違って、コエロフィシスの集団にはきちんとした組織や優劣の順位がなく、なかまどうしでよく獲物を奪いあう。コエロフィシスの襲撃を、ある旅人はこんなふうに語っている。「人間ほどの大きさの兵隊アリが大群を作って移動しているようなもので、このどん欲な波の前に運悪く飛びだした小さな動物は、あっというまに殺されてしまう」

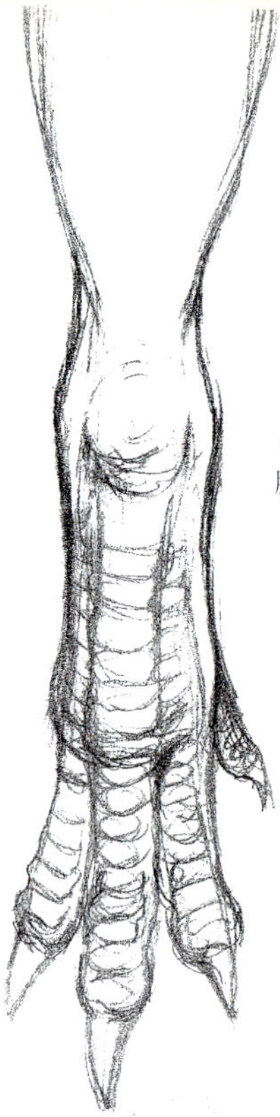

うしろ足と足跡、腕の細部。

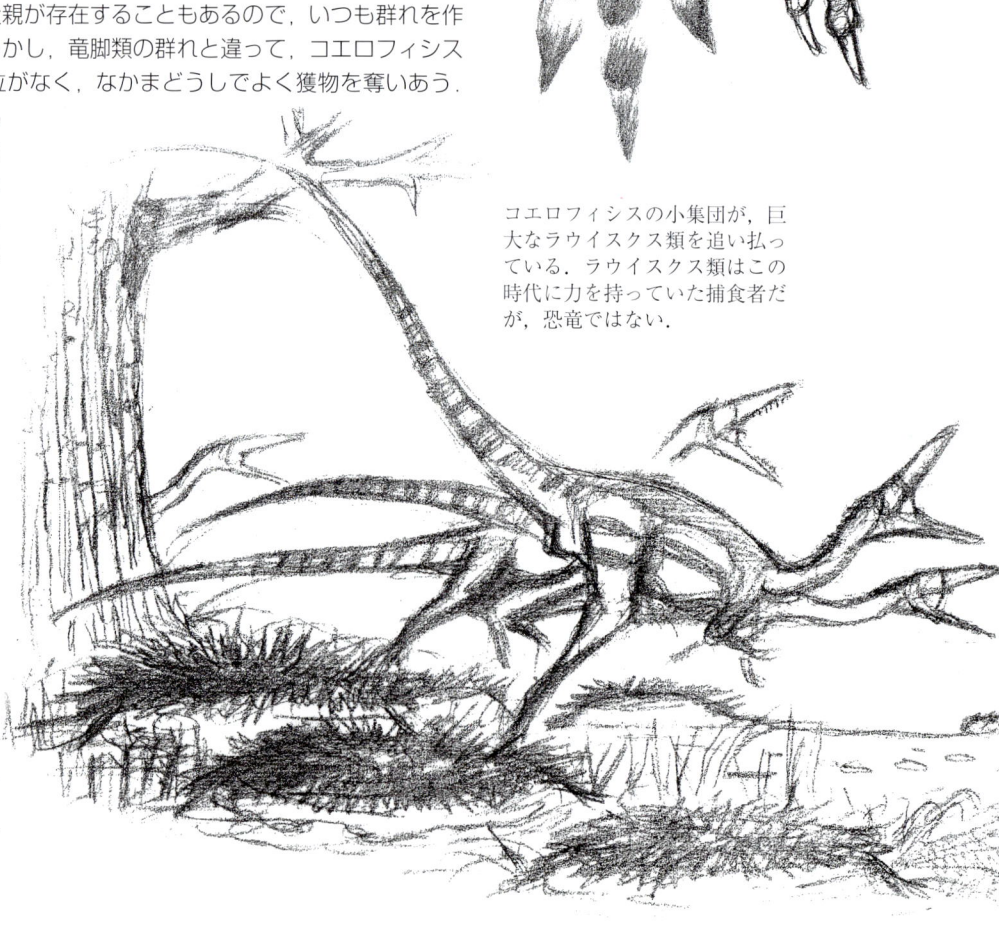

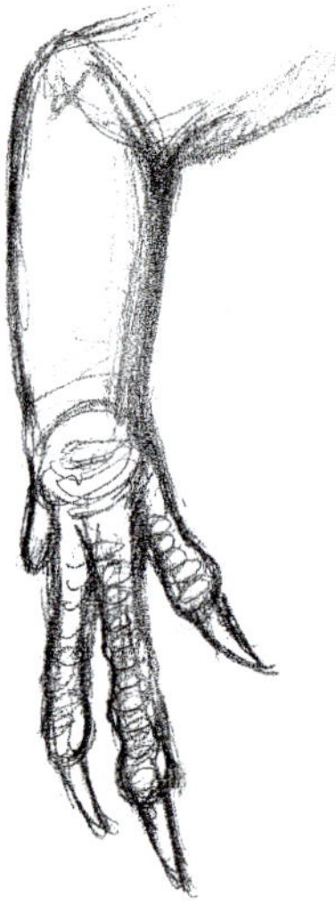

コエロフィシスの小集団が、巨大なラウイスクス類を追い払っている。ラウイスクス類はこの時代に力を持っていた捕食者だが、恐竜ではない。

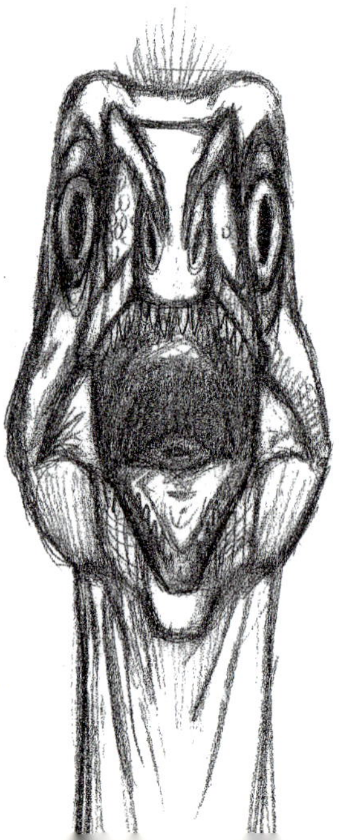

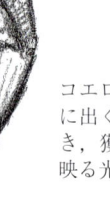

コエロフィシスに出くわしたとき、獲物の目に映る光景。

北アメリカ | 31

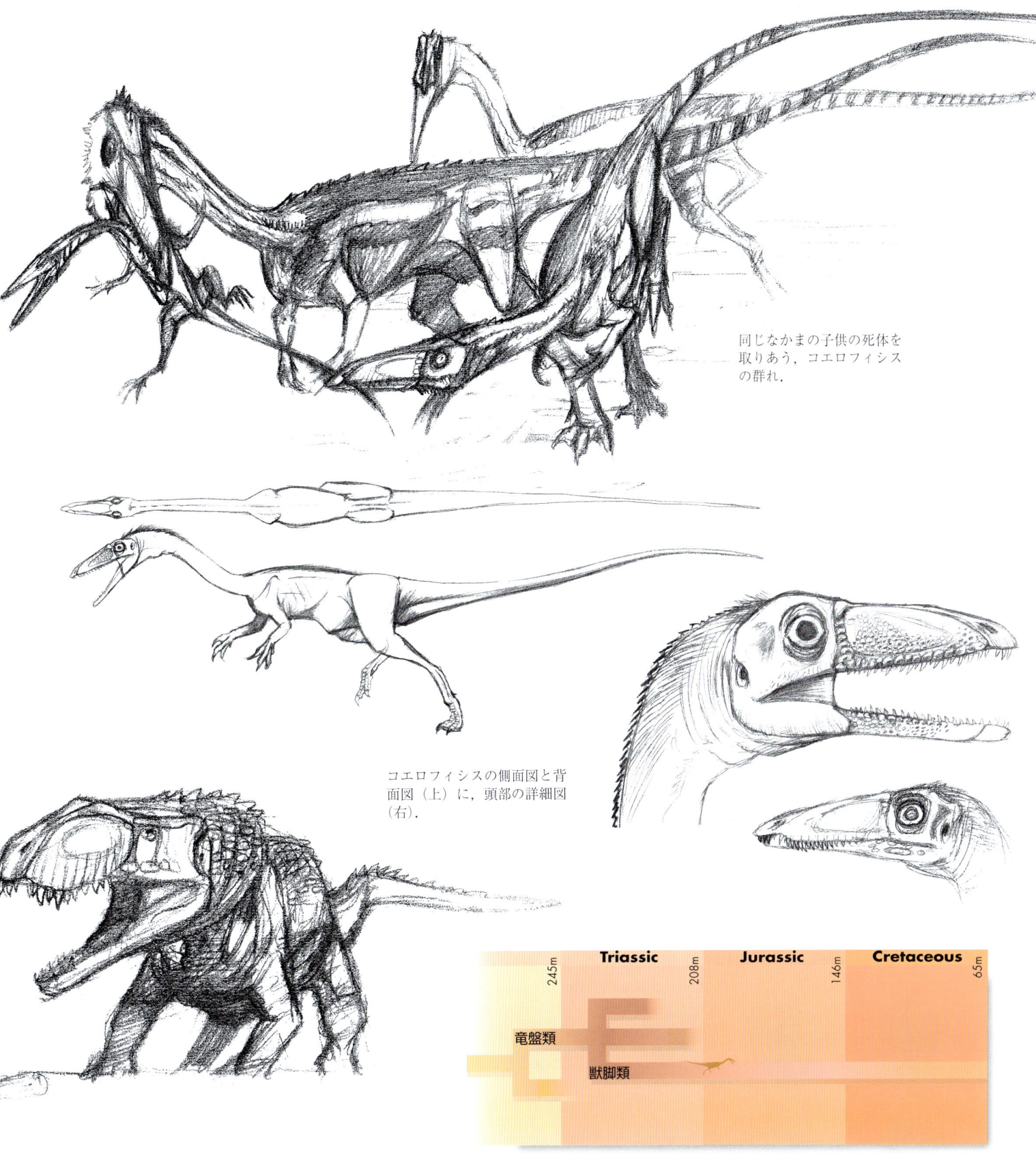

同じなかまの子供の死体を取りあう，コエロフィシスの群れ．

コエロフィシスの側面図と背面図（上）に，頭部の詳細図（右）．

次ページ： つかまえたばかりのトカゲを奪いあう，コエロフィシスの若オス2頭．

南アメリカ | 35

エオラプトル　*Eoraptor*
[最初の略奪者]

種　類：　小型で原始的な恐竜
全　長：　1m（鼻から尾まで）

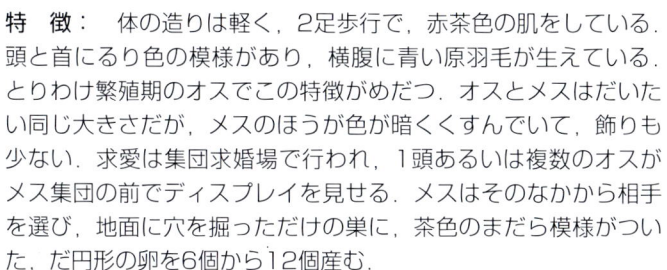

特　徴：　体の造りは軽く，2足歩行で，赤茶色の肌をしている．頭と首にるり色の模様があり，横腹に青い原羽毛が生えている．とりわけ繁殖期のオスでこの特徴がめだつ．オスとメスはだいたい同じ大きさだが，メスのほうが色が暗くくすんでいて，飾りも少ない．求愛は集団求婚場で行われ，1頭あるいは複数のオスがメス集団の前でディスプレイを見せる．メスはそのなかから相手を選び，地面に穴を掘っただけの巣に，茶色のまだら模様がついた，だ円形の卵を6個から12個産む．

習性と生息地：　雨量が少ない低地から，高地の荒野まで，植物があまり生えない広々とした場所をうろついている．獲物が見つかれば何でも食べるが，おもなえさは小型哺乳類だ．エオラプトルは単独か，あるいは小さなグループを作って狩りをする．狩りの時刻はいつも，獲物の小型哺乳類が最も活発に動いている夕暮れどきか夜明け前だ．エオラプトルを分化していない恐竜と見るか，それとも獣脚類とみなすかについては，古生物学者のあいだで意見がまとまっていない．どちらにしても，知られているかぎり最古の恐竜に数えられ，2足歩行の姿勢や，ものをつかむことのできる手，大きな目，速く走れる代謝機能，原羽毛，比較的高い知能といった，明らかな特徴がすでにそなわっている．こうした特徴すべてから，哺乳類など，動きがすばやい夜行性の獲物をつかまえられるように特殊化していることがわかる．これは偶然の一致ではなさそうだ．なぜなら，この頃，哺乳類としてみとめられる最初の動物があらわれ，新しい種類の捕食者向けの生態的地位が開かれたからだ．

エオラプトルの走り方と足跡．

トラヴァーソドン類（下）もマセトグナス類（右）も，エオラプトルがよく食べるえさだ．

3頭のエオラプトルが，ディキノドン類ディノドントサウルスの死体から肉を食いちぎっている．

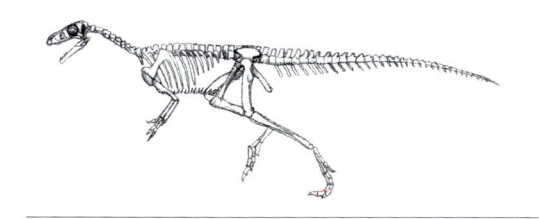

前足の詳細図．左端に4番目と5番目の指のなごりが見える．

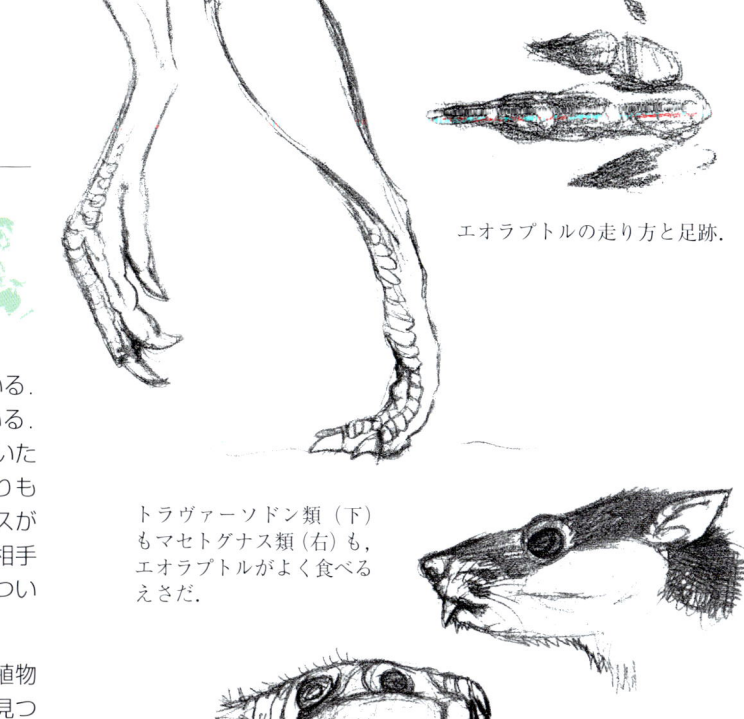

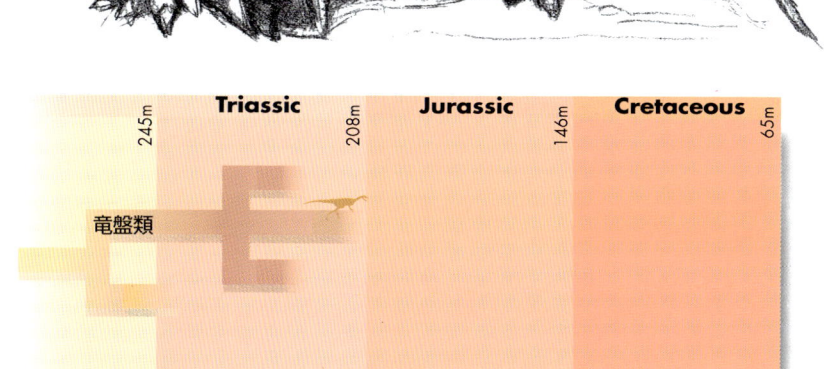

竜盤類

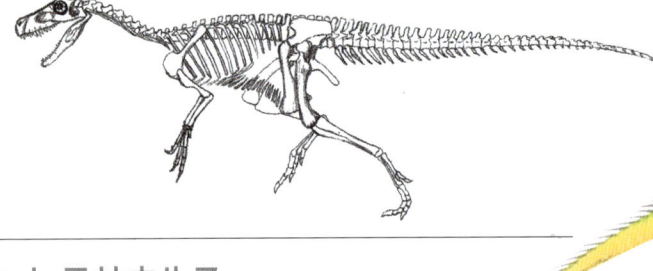

ヘレラサウルス *Herrerasaurus*
[ヘレラ氏のトカゲ]

種　類：　中型で原始的な恐竜
全　長：　3〜5ｍ（鼻から尾まで）

特　徴：　初期の恐竜にしては比較的大きい．明るいエメラルドグリーン色をした非常にめずらしい恐竜で，ウロコ状のトサカがあり，肩のまわりに灰色の原羽毛がえりまきのように生えている．威嚇のディスプレイを見せるときには，このトサカとえりまき羽を逆立てる．オスもメスも一生単独で行動し，それぞれが狩りのなわばりを用心深く守りながら，広い範囲を歩きまわっている．ヘレラサウルスの求愛は短く，きわめて激しいため，どちらかが命を落とし，負けたほうは勝った者に体の一部を食べられる．死んでまもない標本の傷を調べたところ，唾液に毒が含まれていることがわかり，めだたないようにしているのに，色だけあざやかな理由が明らかになった．巣や卵や子供はまだ目撃されていない．

習性と生息地：　この恐竜はなかなか正体を見せず，木がうっそうと茂る低地や，湿地帯の森にすんでいる．獲物を待ちぶせし，小型から中型の動物がひょっこりやって来ると襲いかかる．そのため，派手な色をしているのにめったに見つからない．ヘレラサウルスの習性の細かな部分はほとんど，切れ切れの情報をつなぎあわせたものなので，あまり正確とはいえない．この恐竜に関する情報は何でも貴重だが，経験の浅い恐竜ハンターがへたに手を出すと殺されるかもしれないので，絶対に追いかけたりせずに，なれた専門家にまかせたほうがいい．

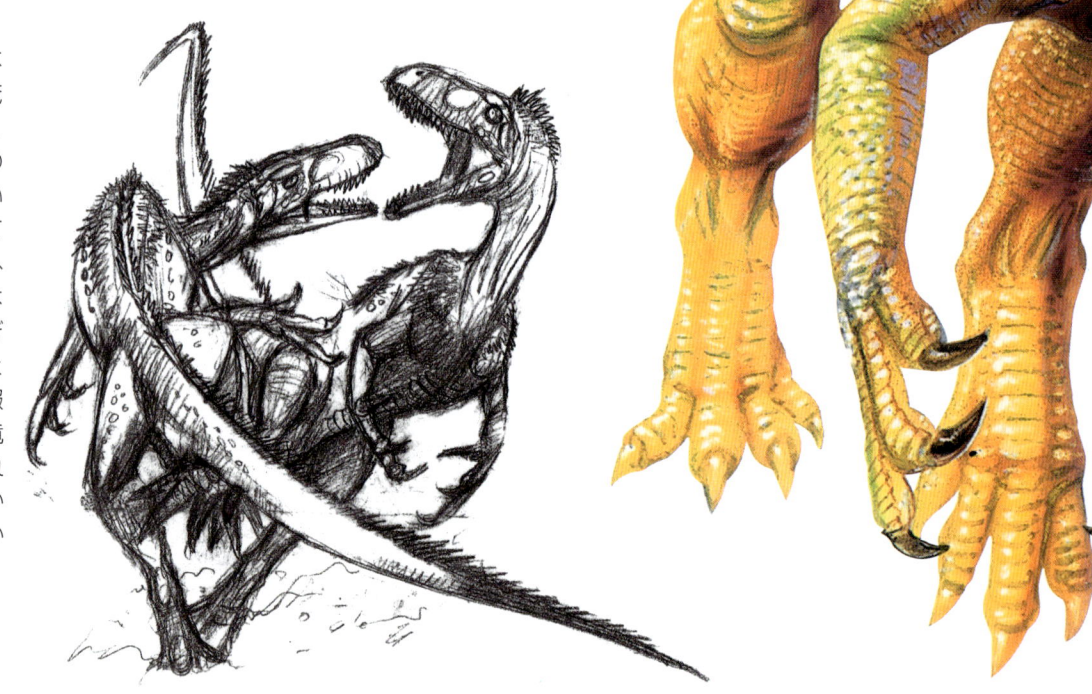

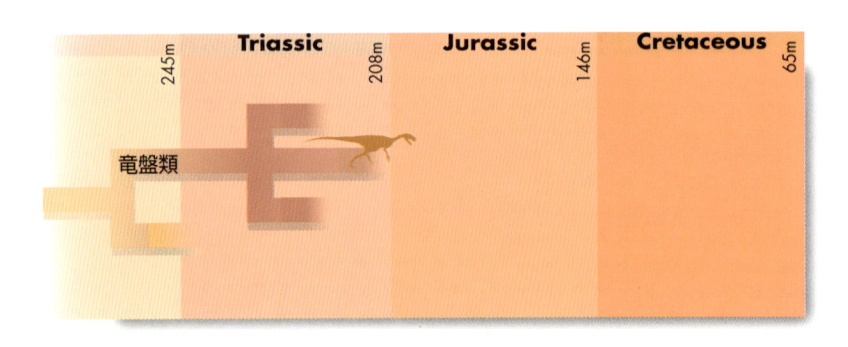

オスがメス（上）にまたがろうとすると，はげしい求愛の戦いが起きる．この場面からまもなく，メスはオスを殺して食べ，遺体の残りはエオラプトルが集団でつつきまわした．

南アメリカ | 37

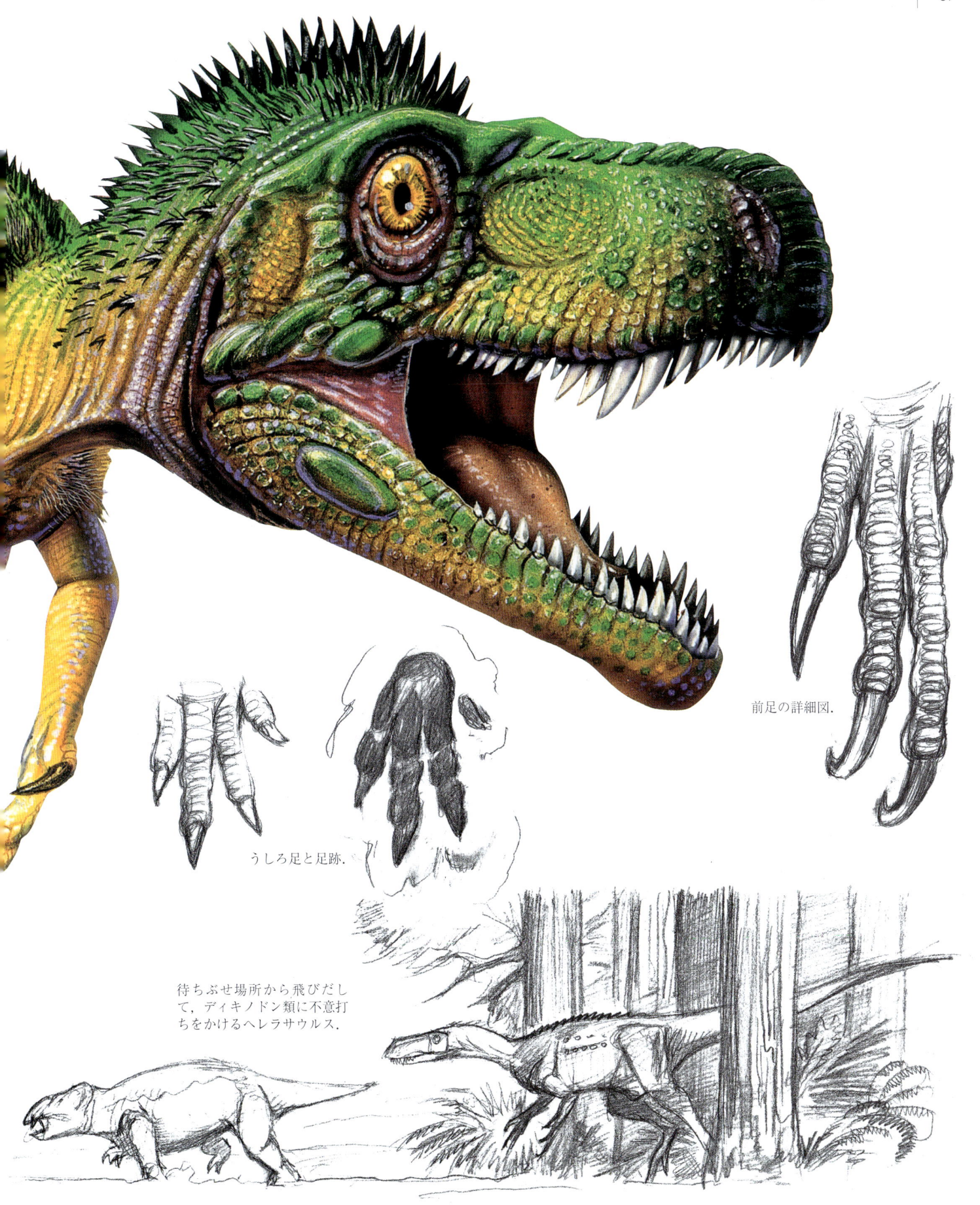

前足の詳細図.

うしろ足と足跡.

待ちぶせ場所から飛びだして，ディキノドン類に不意打ちをかけるヘレラサウルス.

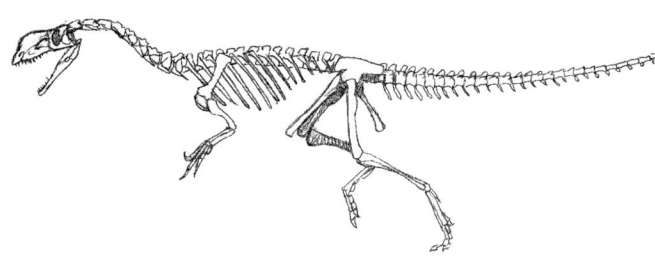

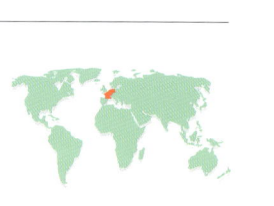

リリエンステルヌス
Liliensternus
［リリエンシュテルン氏］

種　類：　中型から大型の獣脚類
全　長：　6〜8m（鼻から尾まで）

特　徴：　灰色がかった青色の獣脚類で，体つきはほっそりとしている．青いウロコ状の突起が背中に走っているのが目につく．そのわきに生えている青色や濃い藍色の毛状羽は，全体としてメスよりオスのもののほうが長い．鼻の上に並んだ黒と黄色の隆起は，ディスプレイに使われる．たいていは，交配相手のいないオスや子づれのメスどうしがまとまって，小さな集団で生活している．年に1回の繁殖期がおとずれると，この小グループが集まって大きな集団を作る．繁殖期のあいだ，オスは胴体や腕に羽衣をたっぷり生やして，派手なディスプレイをメスに見せる．恐竜にはめずらしく，メスはあちこちに散らばってから，地面に小さな穴を掘り，卵を産む．1つの巣につき4,5個の卵から，早成性の赤ん坊が2,3匹生まれる．

習性と生息地：　三畳紀のなかでは大型の獣脚類であるリリエンステルヌスは，自分より大きな古竜脚類や初期の竜脚類など，植物食動物を襲って食べる．狩りは独身のオスか，メスと亜成体の子供が小さな集団を作って行う．どの集団も広い範囲を歩きまわりながら，植物食動物の群れをいくつか監視し，動きをうかがう．この獣脚類は普通，子供を追いつめて群れから引き離し，首や腹にかみついて倒す．

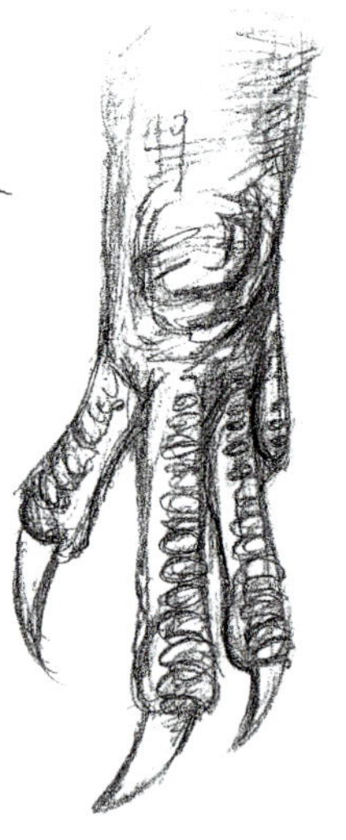

第4指が退化したリリエンステルヌスの足．のちにあらわれる獣脚類では，第4指と第5指がほとんどないか完全に消え，外形も足跡も典型的な3本指になっている．

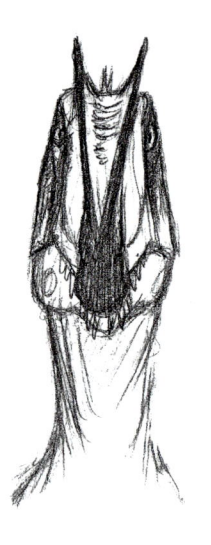

リリエンステルヌスを正面から見たところ．

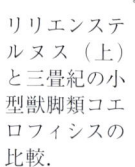

リリエンステルヌス（上）と三畳紀の小型獣脚類コエロフィシスの比較．

2頭のリリエンステルヌスが，小型の装盾類スクテロサウルスを追いつめている．

ヨーロッパ | 39

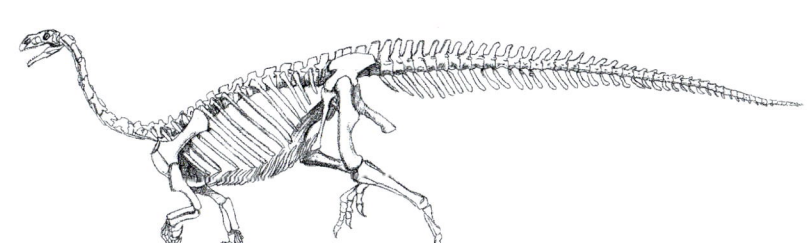

プラテオサウルス
Plateosaurus
[平らなトカゲ]

種　類： 中型の古竜脚類
全　長： 6～10m（鼻から尾まで）

特　徴： プラテオサウルスにはほとんどそっくりの種がたくさん見られるが，顔の模様や，首と横腹の色，ウロコや骨板などの装飾によってだいたい区別できる．ここに描かれているのはプラテオサウルス・エンゲルハルティという種だ．オスとメスは見かけが似ているが，メスのほうがオスより10％から20％ほど大きい．顔の色はまっ赤で，首の両側に赤いすじが走っている．背中の表面は黄かっ色からチョコレートブラウンで，表面がでこぼこしている．横腹と腹部，四肢は灰色だ．子供の場合はもっとたくさんの色がまじっていて，黄かっ色やチョコレート色のしま模様がついている．

習性と生息地： この時代の古竜脚類はたいていそうだが，プラテオサウルスも女家長を中心に5頭から20頭の群れを作っている．1年の大半はこのような家族グループで過ごすが，晩春の短い交配・繁殖期にはグループが集まり，ときには200頭にもなる大きな群れができる．その後，家族ごとに分かれて高地の営巣地へ移動する．プラテオサウルスは一雌多雄性だ．集団のなかに女家長を頂点とする上下関係があり，メスはその序列にあわせて，たくさんのオスを相手にする．リーダーのメスは30歳くらいで，1頭の女家長におとなのオスが3頭から5頭ついている．メスが全体の警備をしているあいだ，オスたちはそれぞれ，10個から20個の卵が入った巣を守る．木の茂った高所の営巣地は，「要塞」の役目をはたすことがわかっている．プラテオサウルスは，翼竜のランフォリンクス類が枝にとまって「見はり」をしている木のそばに巣を作ることが多い．こういう場所なら洪水にみまわれるおそれがなく，捕食者の獣脚類から巣を守るのもたやすいからだ．

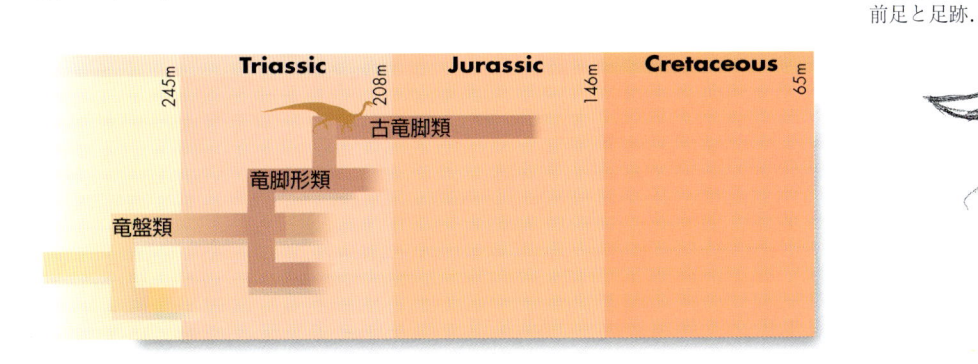

巣の世話をするオス．抱卵のあいまに卵をひっくり返している．

プラテオサウルスの卵は大きさがまちまちだ．

最も力のあるメスの気を引こうとして張りあうオスたち．

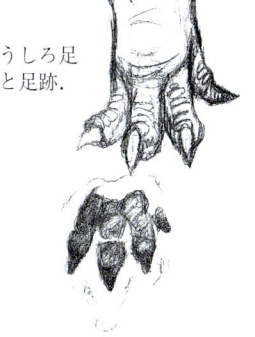

かぎ爪のある前足と足跡．

うしろ足と足跡．

40 | 三畳紀

見はり役の翼竜類が叫ぶと，プラテオサウルスの女家長ははっと気づいてうしろ脚で立ちあがり，襲いかかってくる2頭のリリエンステルヌスに恐ろしいかぎ爪を見せて威嚇しながら，とりでを守ろうとする．

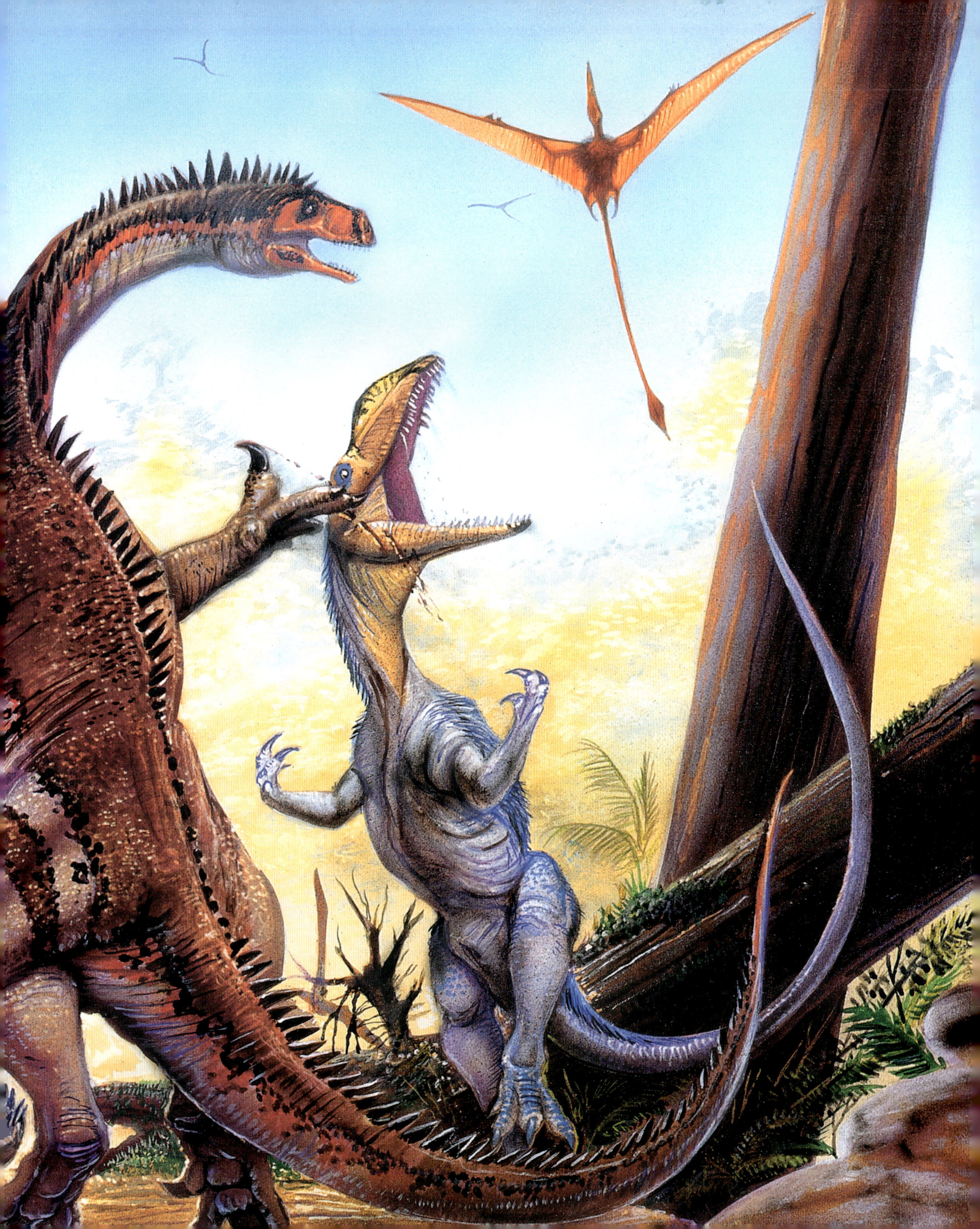

42 | 三畳紀

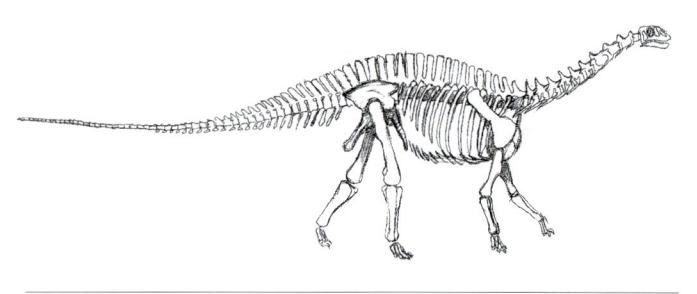

イサノサウルス(右)とプラテオサウルス(左)の頭部の比較. イサノサウルスの歯と, 竜脚類に特有の葉の食べ方に注目.

イサノサウルス
Isanosaurus
[イサンのトカゲ]

種　類：　小型で原始的な竜脚類
全　長：　5〜10m（鼻から尾まで）

特　徴：　オスとメスは見かけが似ているが，メスのほうが10%から20%大きく，オスはメスよりあざやかな色をしている．大きなイラストに描かれているのは針葉樹の葉を食べるオスと，やや離れたところにいるメスの姿だ．イサノサウルスはおもに針葉樹の茂った低地や，湿った沼地の森林にすみ，緑色のしま模様でまわりの風景にまぎれている．真の竜脚類としては知られているかぎり最古の種類だが，同時代のさまざまな古竜脚類（たとえばプラテオサウルス）と比べると，習性や見かけより，体の造りのほうに違いがある．イサノサウルスの手足には，かぎ爪の生えた指が5本生えているが，多くの古竜脚類や竜脚類のかぎ爪はもっと数が少ない．けれども，ほかの竜脚類と同じように，かかとの肉がぶ厚くもりあがっているので，体重がかなりあり，古竜脚類によく見られる歩き方よりも，4足歩行の傾向が強くなっていたことがわかる．

習性と生息地：　すんでいる地域が広々としているかどうかによって，一時的なつがいで行動していることもあれば，家族で群れを作っていることもある．家族の群れには上下関係があり，長生きのメスが頂点に立っている．そのまわりには，交配相手のいないオスがゆるいつながりのグループを作って，たくさんむらがっている．イサノサウルスはわりあい長生きだが，竜脚類の特徴として，オスとメスのあいだで寿命にかなりの差がある．上に立つメスは30年から50年生きるが，たいていのオスの寿命は20年から25年だ．

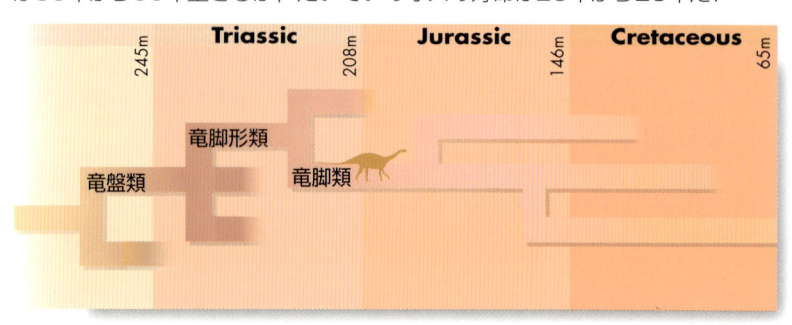

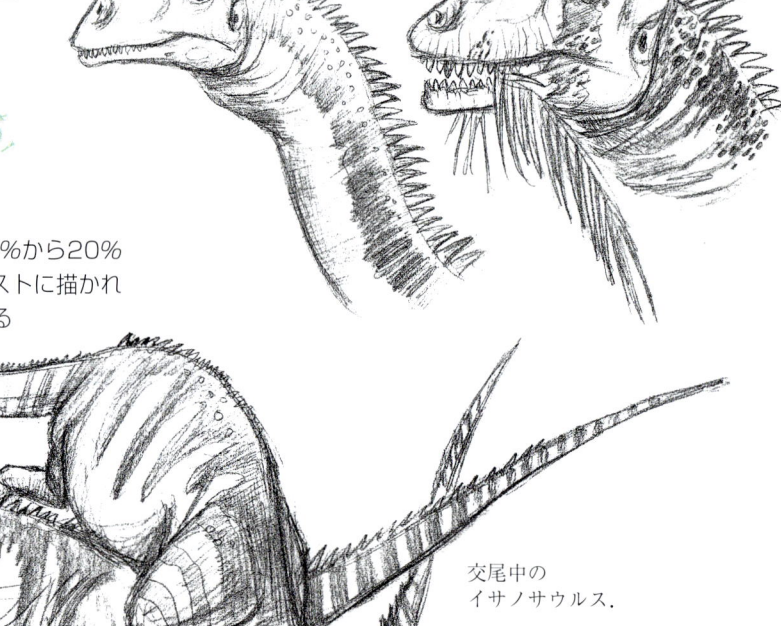

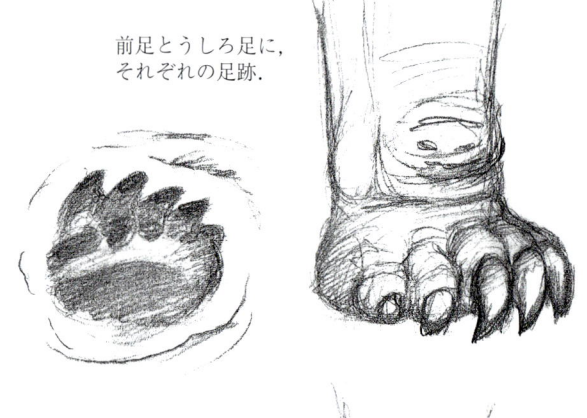

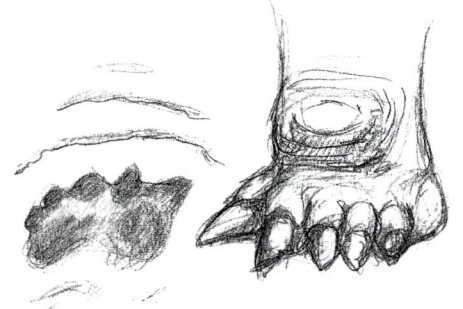

交尾中のイサノサウルス．

前足とうしろ足に, それぞれの足跡．

Triassic　245m　208m　Jurassic　146m　Cretaceous　65m

竜脚形類
竜盤類　　竜脚類

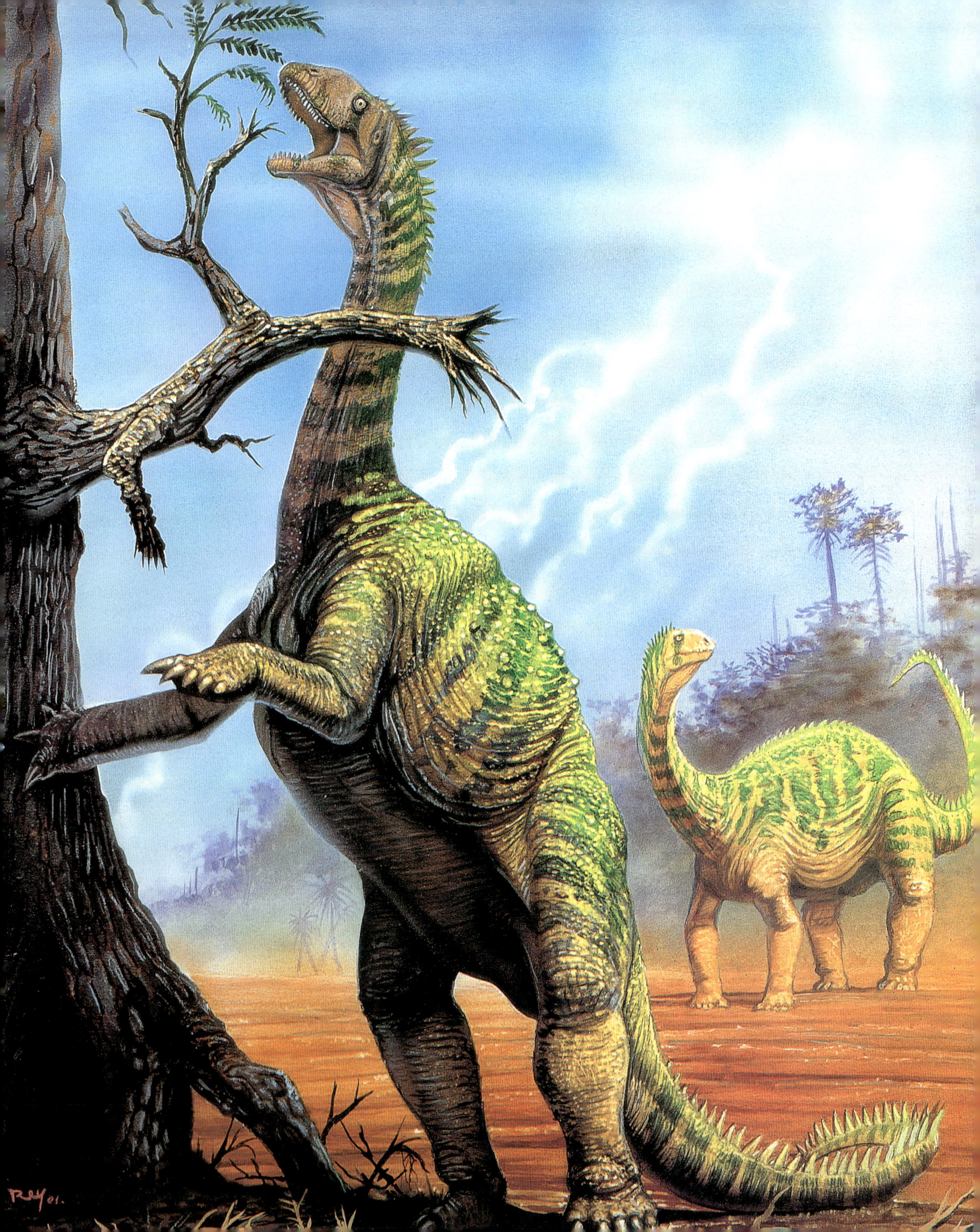
Rey 01.

The Jurassic

199.6 to 145.5 million years ago

period

ジュラ紀
1億9960万年前〜1億4550万年前

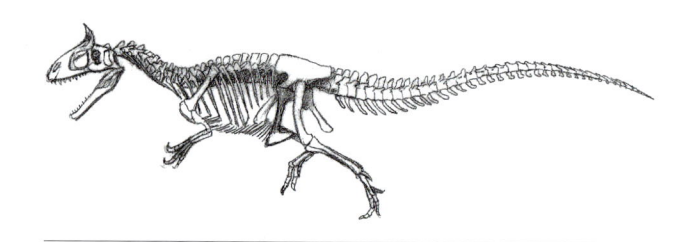

ジュラ紀

メスが海岸の上のほうで巣を守っているあいだ，オスが沖へ出てえさを探す．卵はそばの砂山に4分の3まで埋まっている．

クリオロフォサウルス　*Cryolophosaurus*
[とさかを持つ寒冷地のトカゲ]

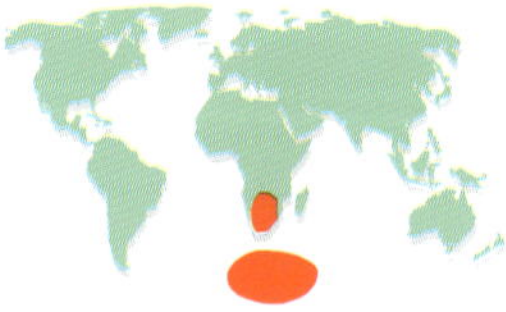

種　類：　中型獣脚類
全　長：　5〜8m（鼻から尾まで）

特徴：　ティラノサウルス類や鳥類を含む「高等な」獣脚類グループの原始的ななかま．気温の低い南極大陸の海岸や，ゴンドワナ大陸南部のほかの地域で見つかる．いちばんめだつ特徴は，飾りたてた大きなトサカだ．トサカはオスとメス両方に見られるが，繁殖期にはオスのトサカのほうがもっと色あざやかになる．ここに描かれているクリオロフォサウルス・エリオッティのトサカは，レモンイエローに青い横じまが入っているが，トサカの色は種によって違う．胴体は黒と白の原羽毛にうっすらと包まれ，顔には仮面やあごひげのように黒い毛が生えていることがある．頭はがんじょうで，大好物の海産物をかみくだくのにぴったりのあごを持っている．繁殖期は早春にかぎられる．この時期，南極海では栄養たっぷりの海水がわきあがり，子供に与えるえさが豊富になる．クリオロフォサウルスの夫婦は一生つれそい，たいてい同じ海岸に巣を作り続ける．潮が満ちても海水をかぶらない位置に砂をもりあげて巣を作り，20個もの卵を産みつけたあと，片方の親が巣を守っているあいだに，もう一方がえさを探しにいく．子供は早成性で，2年もすると繁殖できるようになる．

習性と生息地：　クリオロフォサウルスはもっぱら浜辺をうろつき，カメ類やワニ類，メソサウルス類，首長竜類の死体など，「海の幸のもりあわせ」を拾っている．しかし，大のお気に入りはなんといっても，海岸線や浅瀬で拾ったアンモナイト類だ．この巨大な軟体動物の殻も，クリオロフォサウルスの厚みのあるあごなら簡単にくだける．半分かみくだいたところで獲物をのみこみ，肉を筋胃にためてからあとで反芻し，赤ん坊に食べさせるのだ．見かけは恐ろしいが，クリオロフォサウルスが同時代の植物食恐竜を食べることはめったにない．

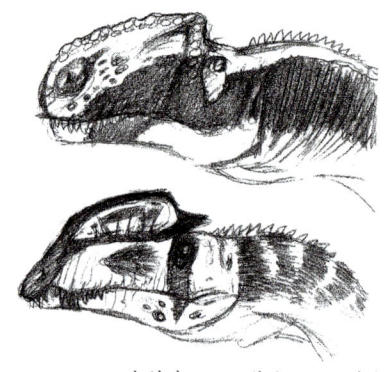

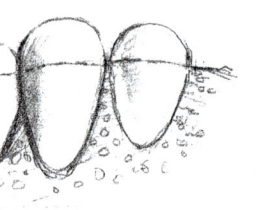

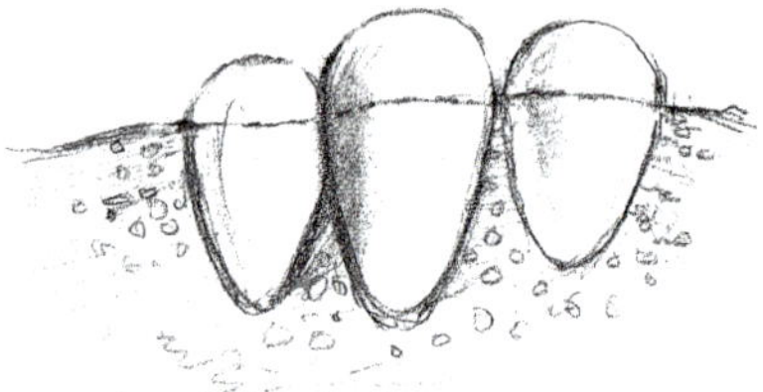

とがったほうを下にして砂のなかに埋めこまれた，細長い卵．淡い黄かっ色とまだら模様のおかげで，見つかりにくくなっている．

クリオロフォサウルスの変わったトサカは，獣脚類のあいだではそうめずらしくはない．この絵のように，モノロフォサウルス（上）やディロフォサウルスにも見られる．

となりあわせに作った巣を守り，ディスプレイを見せあってなわばりを示すオス2頭．

潮が引いたところで，浅瀬に打ちあげられた大きなアンモナイト類を拾いあげるオス．

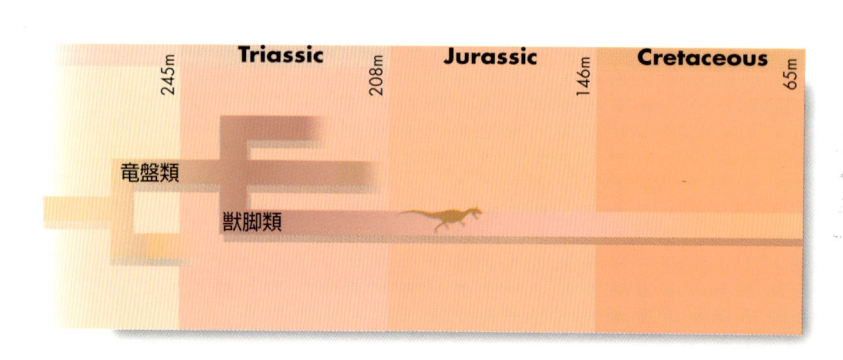

南極／南アフリカ

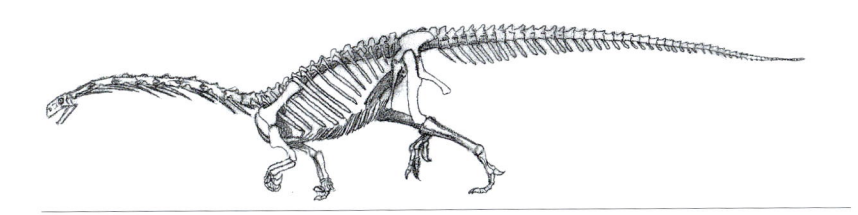

マッソスポンディルス　*Massospondylus*
［がっしりとした椎骨］

種　類：　小型から中型の古竜脚類
全　長：　3～5m（鼻から尾まで）

特　徴：　多くの古竜脚類と同じように（プラテオサウルスを参照），マッソスポンディルスもあざやかな色をしているが，この色はある環境のなかでは身を隠すのに役立つ．マッソスポンディルスの場合は，海岸や，砂丘のあいだの低木地近くでくらしているので，青色と黄色のよそおいがすばらしい隠れみのになる．オスとメスは体型が違っていて，メスのほうがオスよりやや大きく，首が長い．プラテオサウルスと同様に，子供はさまざまな色がまじった体をしているため，巣のまわりの風景にとけこむことができる．

習性と生息地：　マッソスポンディルスは，古竜脚類のなかでは遅い時期にあらわれた．近いなかまの竜脚類とは違って，それほどしっかり構成された集団は作らない．リーダーのメスを中心に，結びつきのゆるやかなグループで生活し，春の交配期には集まって大きめの群れを作る．オスはメスを取りあうが，長いあいだ続くような社会構造はない．メスはおよそ0.9m四方の小さな巣に卵を6個から10個産み，砂や植物をその上にかぶせる．赤ん坊は早成性で，生まれて数日で群れといっしょに移動できるようになる．マッソスポンディルスはかたい低木をえさにしているが，貝や死肉をあさったり，手に生えた丈夫なかぎ爪で地面を掘って無脊椎動物や植物の根を探すこともある．手のかぎ爪が武器になるうえに，大勢集まれば力が増すので，捕食者の獣脚類から身を守ることもできる．

マッソスポンディルスのうしろ足（上）と前足，およびそれぞれの足跡．

針葉樹の球果を食べるマッソスポンディルス．

移動中のマッソスポンディルス．

Triassic　245m　208m　Jurassic　146m　Cretaceous　65m
古竜脚類
竜脚形類
竜盤類

次ページ：　オスのマッソスポンディルスがうしろ脚で立ちあがってかぎ爪を見せつけ，えさを探しにきたクリオロフォサウルスをくい止めようとしている．

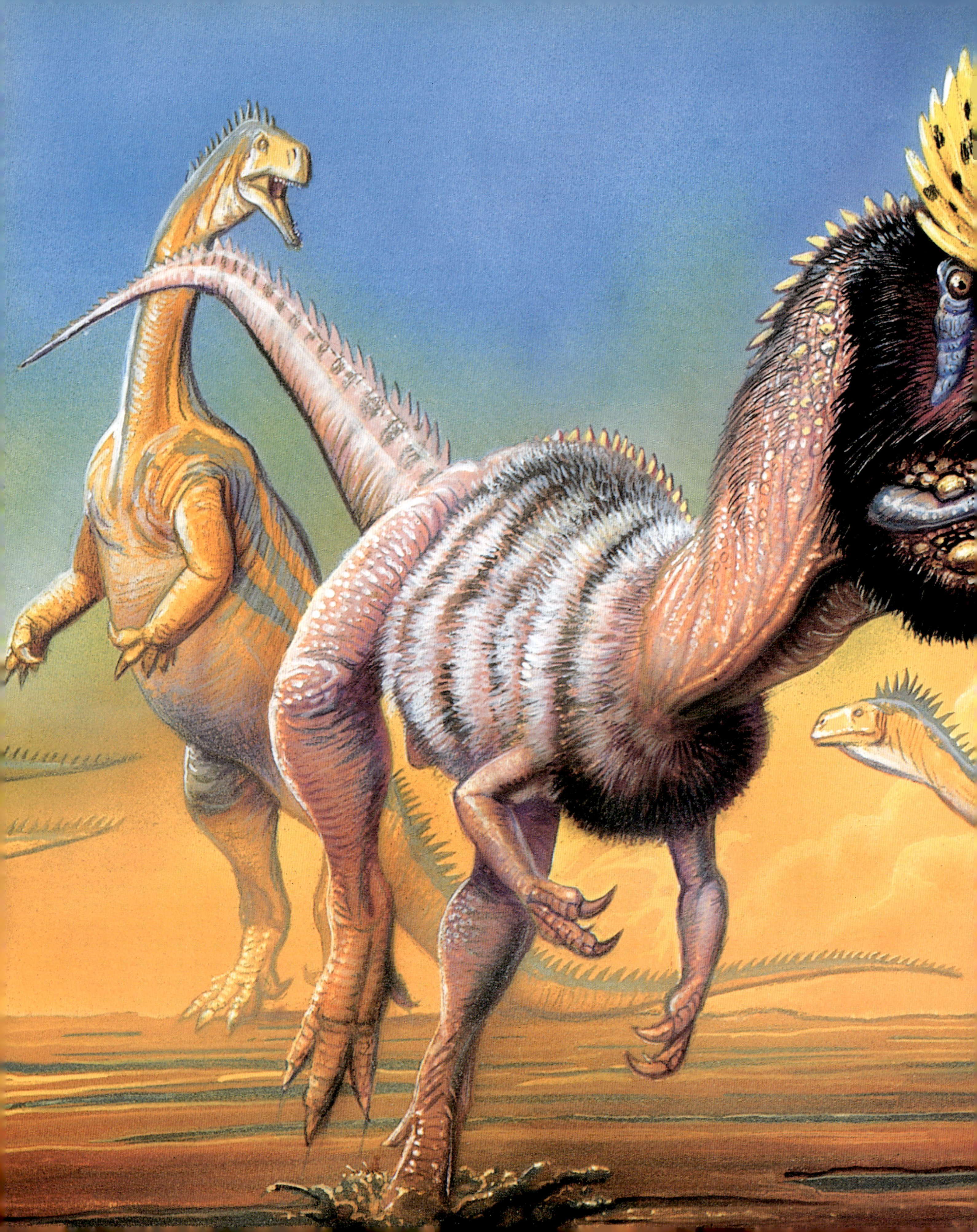

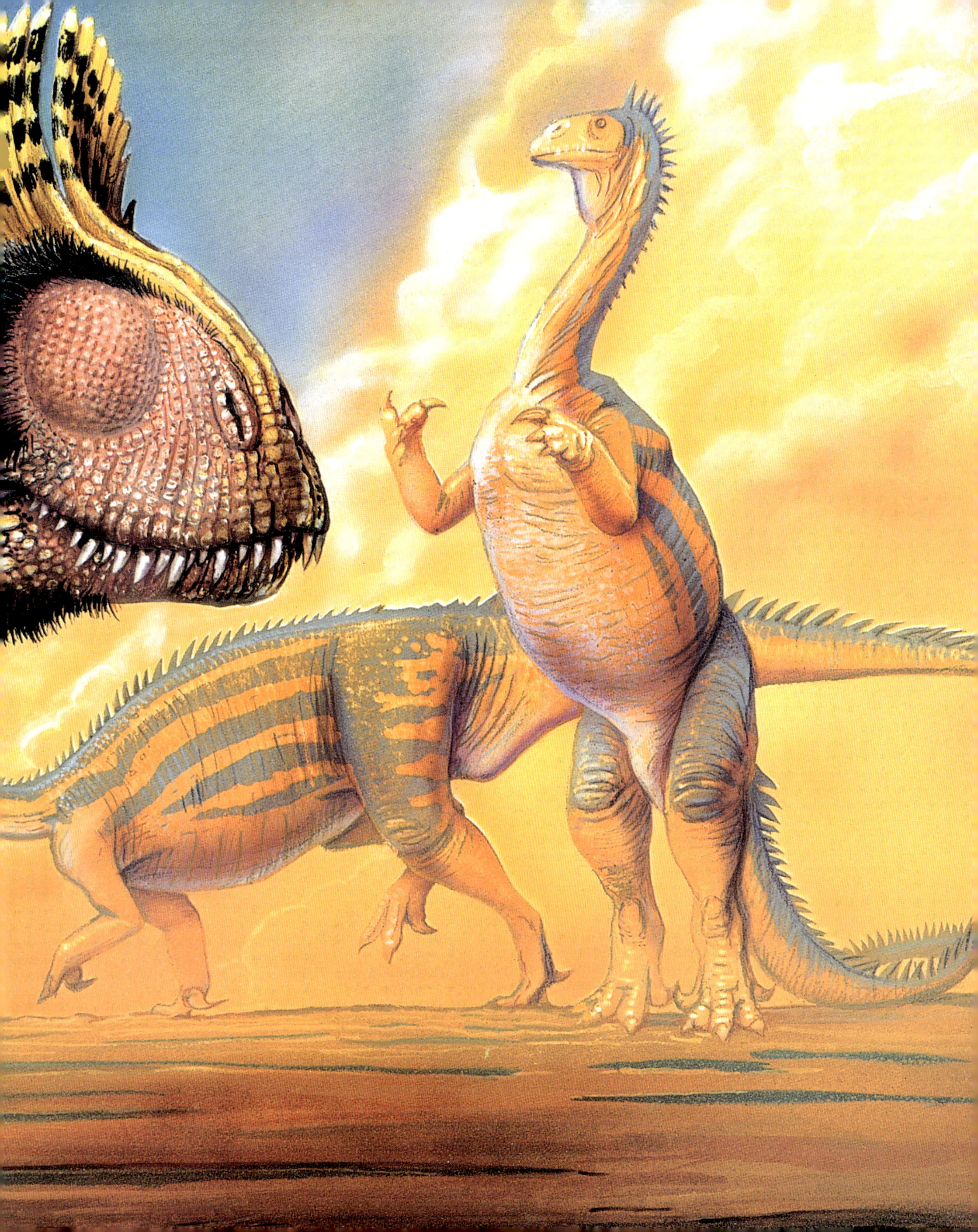

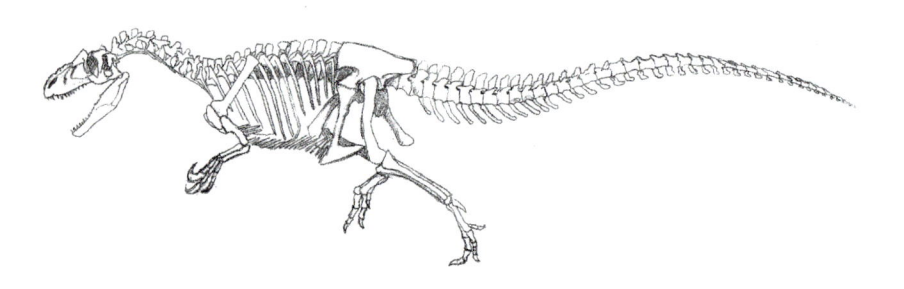

アロサウルス　*Allosaurus*
[異なったトカゲ]

種　類： 中型から大型の獣脚類
全　長： 9〜12m（鼻から尾まで）

特　徴： 体が軽くて足が速く，群れで狩りをする獣脚類．色と飾りは季節にあわせて大きく変化し，種によってもかなりの違いがある．最もよく知られているアロサウルス・フラギリスはたいてい，背中や首，尾に「迷彩戦闘服」のような黄緑色のまだら模様がついていて，四肢と腹部はくすんだ灰色になっている．頭のてっぺんには普通，骨質のでこぼこや小さな角の列などの飾りがついているので，その形の細かな違いによって個体を見分けられる．オスとメスはそっくりで，全体に羽衣や派手なウロコで飾りたてていないところに明らかな特徴がある．そのほうが獲物を追いかけるときになめらかに動けるからだろう．ただし，春の短い繁殖期のあいだだけは別で，オスは豪華な羽衣をまとい，トサカや肉垂を見せびらかし，羽板のある羽を前腕や尾に生やし，集団求婚場でメスを相手に騒々しくディスプレイを行う．この種は単婚性で，オスとメスが高地に巣を作ってしっかり守り，1回につき3頭か4頭の赤ん坊を育てる．

習性と生息地： 血のつながりがあるアロサウルス・フラギリスはグループを作って狩りのなわばりを共有し，4頭から10頭の群れがゆるやかに協力しながら，なわばりを見まわる．獲物を見つけるとかなりの距離を追いかけ続けるが，すぐに殺すのではなく，相手の動きをじゃますために，尻やうしろ脚に激しくかみつく．そして獲物が疲れて，簡単に殺せそうになったところで初めて，このハンターたちは襲いかかる．いちばんよくねらわれるのは，カンプトサウルスのようなイグアノドン類や剣竜類だ．ケラトサウルスなどもっと小型の獣脚類と獲物を取りあい，しとめた獲物を奪われないように追いはらうときもある．また，死肉をあさることもある．アロサウルス・フラギリスは，自分より大きな竜脚類に飛びのって襲うことができる獣脚類の1つだが，そのような大きな動物を攻撃目標にすることはあまりない．しかし，近いなかまのアロサウルス・マクシムスは，ジュラ紀の巨大恐竜を好んで襲う．この恐竜は非常に大きい（16mにもなる）が，完全な夜行性で，いつでも暗いダークグレーの皮膚をしているため，なかなか目につかない．アロサウルス・マクシムスは，移動中の竜脚類が休息している場所に猛攻撃をしかけるが，それがわかるのはたいてい，朝日がのぼって大虐殺のあとを照らしだしてからだ．

アロサウルス・フラギリスの大きな卵．クリーム色がかった白色をしている．そばにいるのは生後1週間の赤ん坊で，綿毛状の羽毛とカムフラージュ色に包まれている．

北アメリカ | 51

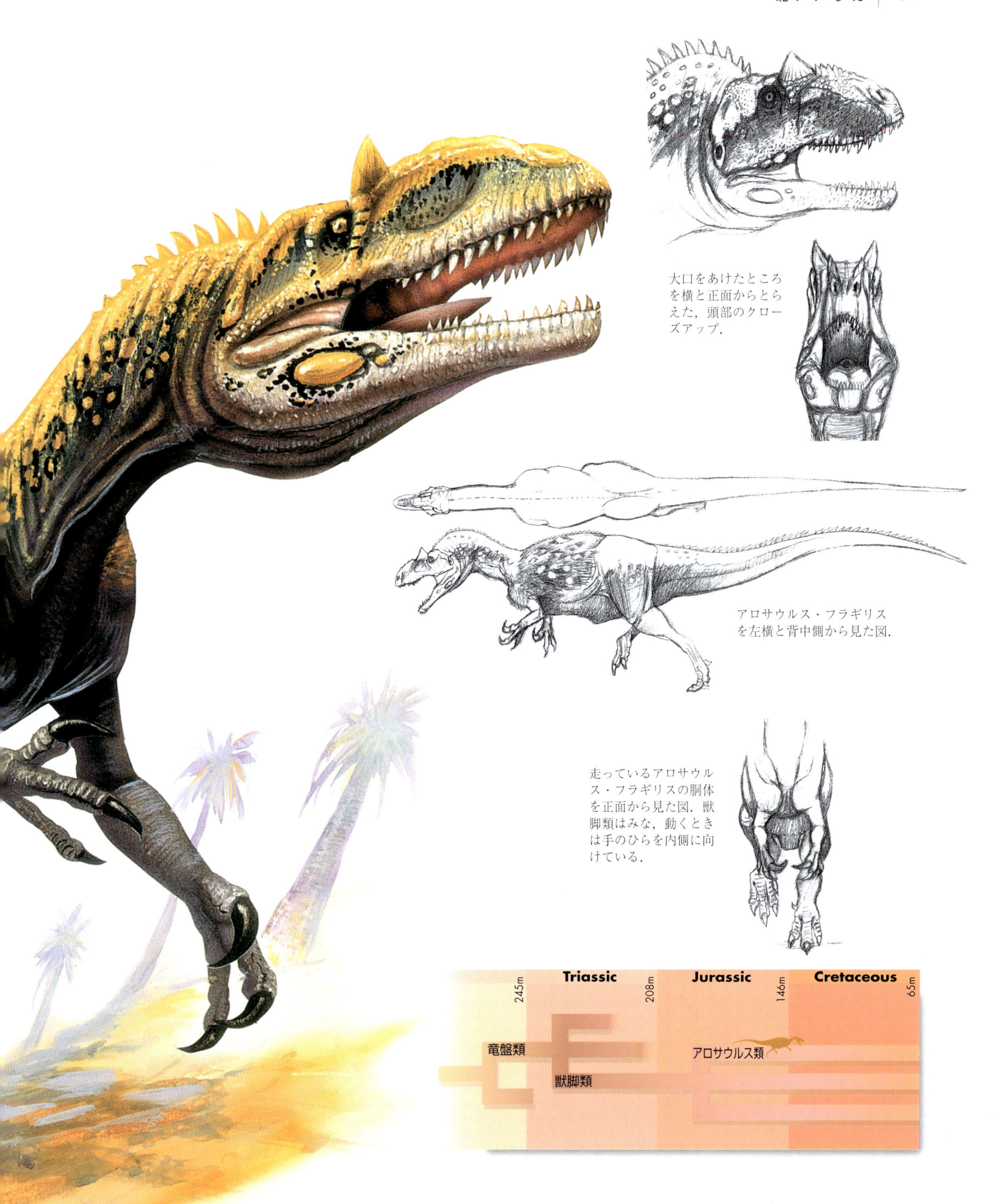

大口をあけたところを横と正面からとらえた，頭部のクローズアップ．

アロサウルス・フラギリスを左横と背中側から見た図．

走っているアロサウルス・フラギリスの胴体を正面から見た図．獣脚類はみな，動くときは手のひらを内側に向けている．

	Triassic		Jurassic		Cretaceous
245m		208m		146m	65m
竜盤類				アロサウルス類	
	獣脚類				

ディプロドクス　*Diplodocus*
[2つの梁]

種　類： 大型竜脚類
全　長： 20〜30ｍ（鼻から尾まで）

特　徴： 恐竜ハンターがまず気づくのは，どちらかというと細い体のわりに，ずいぶん長さがある点だ．30ｍ近い体長の3分の2以上を首と尾がしめ，ほぼ水平にのびている．もう1つの特徴は，三角形の板の形をした突起が頭から尾まで連なっているところだ．この突起は一生伸び続けるので，年齢があがるほど，板も長くなる．オスとメスの見かけはそっくりだが，メスのほうがたいてい大きい．体の大部分は灰色で，横腹や腹部，四肢，首，顔に近づくにつれて，赤みをおびたピンク色に変わっていく．首と尾にはピンク色や灰色の複雑なしま模様がついている．地面にみぞを平行に掘りこんだところへ，卵を20個から30個産みつけ，植物や糞をかぶせたあと，卵を産んだメスとつながりのある，下位のメスかオスが巣を守る．

習性と生息地： 竜脚類は組織的な集団を作るのが特徴だが，ディプロドクスにはそれが最もよくあらわれている．数が増えたり減ったりはするが，家族を基盤にした大集団（20頭から100頭）で生活し，メスを中心にした上下関係を作っている．長生きの女王が身内のメスやおつきのオスをしたがえ，1頭だけが産卵した複数の巣を，それぞれに世話させている．体と同じくらい寿命も非常に長く，社会的地位に応じて100歳から120歳まで生きる．オスもたいてい100歳近くまで生きる．ディプロドクスの群れは1年中ずっとまとまってくらしている．低地の森や平原に集まっているときに群れの規模が最大になるが，たまに小さめの集団で谷の斜面をのぼり，林のなかへえさを探しにいくこともある．

ディプロドクスの卵．

子供の世話をするメスのディプロドクス．そこへ近づくような，おろかな行動をとるのは子供のアロサウルスだけだ．ムチに似た尾のひと振りで，殺されてしまうかもしれない．

メスの気を引こうとして戦う，2頭のオス．尾とうしろ脚を三脚のように使って立ちあがり，向きあっているが，失神するおそれがあるので，この姿勢を長く保つことはできない．どちらも首のうしろについたトゲ状の板を使って，相手ののどのやわらかい皮膚に傷をつけようとする．

北アメリカ | 53

足跡を見ると，前足（上）のほうがうしろ足（右）よりかなり薄くついているので，体重の大部分がうしろ足にかかっていることがわかる．

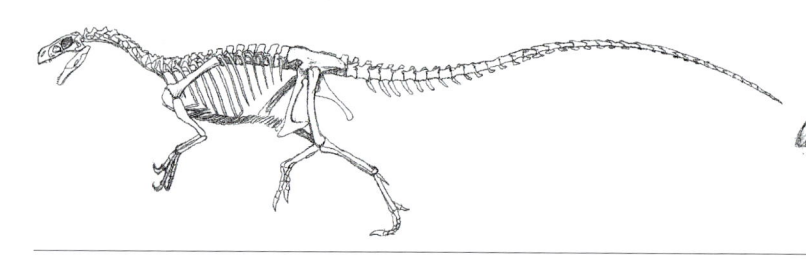

オルニトレステス　*Ornitholestes*
[鳥泥棒]

種　類：　小型獣脚類
全　長：　２ｍ（鼻から尾まで）

特　徴：　小型の獣脚類で，あざやかな色をしていることが多い．ほとんど卵ばかりをねらうようになった恐竜が数種類いるが，そのうちの1つ．オスは（大きなイラストを見るとわかるように）ふわふわの白い羽衣におおわれ，鼻が明るい黄色をしている．春から夏にかけての交配期には，これがいっそう派手になり，まっ赤なトサカと，青や赤，黒の小さなはん点やしま模様があらわれる．メスはところどころに黒や灰色の模様が入ったオフホワイト色の羽衣をまとっているが，頭ははげていて赤茶色なので，ハゲタカを思わせる．オスとメスは一生同じつがいで過ごし，毎年，3，4頭の子供を育てる．オルニトレステスのつがいはよく竜脚類の営巣地の近くにいて，繁殖期を「宿主」と同じ時期にあわせている．普通は，竜脚類の1つ1つの種に，オルニトレステスが1種ずつ「寄生」している．繁殖期が終わって子供が巣立つと，それぞれ単独でえさを探し，竜脚類の群れを追いかけて，見つけたものは何でも食べる．

習性と生息地：　広く分布しているが，1か所にたくさんまとまっていることはない．上にも書いたように，もっぱら竜脚類の群れについてまわり，めずらしい寄生生物の吸虫類プラエファスキオラ・ブラキオサウリの複雑なライフサイクルにとって，重要な媒介者になっている．この寄生虫の成虫は長さ3mにもなり，メスの竜脚類の巨大な肝臓にすみついて，そこで交配し，たくさんの卵を産む．卵はすぐにプロケルカリアと呼ばれるごく小さな幼虫になり，竜脚類の卵管へ移動して，竜脚類の卵が作られるときにそのなかへ入りこむ．このあと，プロケルカリアは形を変え，何匹ものケルカリア（尾虫）を含んだ袋になる．この第2段階の幼虫ケルカリアはまゆを作って眠りにつく．こういうしくみになっているので，決まった種のオルニトレステスに卵を食べてもらわないと，この寄生虫は生きていけない．捕食者オルニトレステスの体内にいったん入ると，ケルカリアは分裂し，1匹のケルカリアから単細胞のメタケルカリアが何千匹も生じる．メタケルカリアはオルニトレステスの血液に入りこむ．最後の段階でかかわってくるのは，ルイスレヤ・ギンスベルギというハエだ．このハエは恐竜の鼻孔から集めた乾燥血液をえさにしている．寄生虫に感染したオルニトレステスから，乾燥血液を通してメスの竜脚類に寄生虫が移動すると，このサイクルは完了し，メスの竜脚類の体内で単細胞のメタケルカリアが成長して大きな成虫になる．この寄生虫のライフサイクルは，オルニトレステスと竜脚類の結びつきを利用しているだけでなく，強めているのではないかといわれている．それどころか，このような関係ができるきっかけを与え，えさには特にこだわらなかった獣脚類から，卵専門の泥棒が進化するのを助けたのかもしれない．

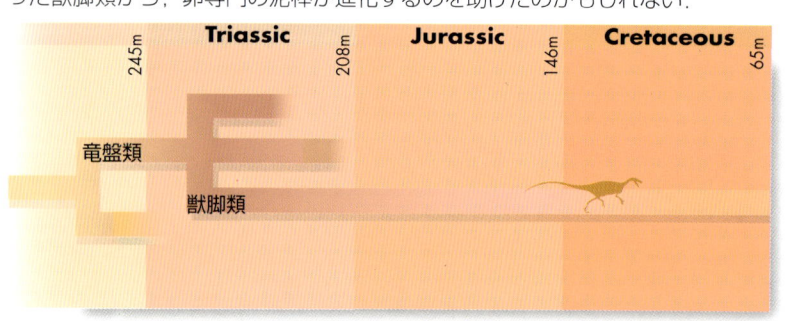

メスのオルニトレステスが，受け入れ体勢で交配相手を待っている．

オルニトレステスの性的二型性．メス（上）は頭に羽毛がなく，ハゲタカに似ているが，オスは頭にあざやかな色の羽毛が生えている．

北アメリカ | 55

ブラキオサウルスの卵を持ち
逃げするオルニトレステス．

オルニトレステスの威嚇のディスプレイは
大げさだ．つま先立ってほぼ直立し，全身
をこわばらせて，実際より体を大きく見せ
るために羽毛をふくらませる．それと同時
に，腕を広げ，かぎ爪を見せつける．

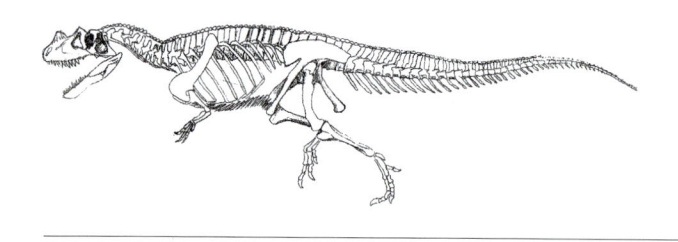

ケラトサウルス　*Ceratosaurus*
[角のあるトカゲ]

分　類：　小型から中型の獣脚類
全　長：　4〜7m（鼻から尾まで）

特　徴：　集団で狩りをする獣脚類で、こった頭飾りを特徴としている。多くの種は鼻に大きな角があり、目のすぐ前や上にも角がついている。この角はきまって明るい色をしている。ここに描かれているケラトサウルス・ナシコルニスにはまっ赤な角があり、首や背中、尾も全体的にあざやかな赤色で、わき腹の部分は、くすんだ灰色に赤いすじが横に走っている。短くてたくましい首と背中は、骨質の小さなこぶや装甲板でかなりしっかりと守られている。子供の時期を過ぎると羽衣はなくなるが、繁殖期のオスはけばけばしい羽衣をまとい、集団求婚場でディスプレイを競う。繁殖行動はアロサウルスや、この時期の中型獣脚類の多くと似ている。その歯は獣脚類のなかでもとりわけ長く、口が大きく開くので、剣のような歯で相手に深い傷を負わせることができる。オスとメスは一生同じつがいで過ごし、毎年、同じ場所に巣を作り直す。赤ん坊は早成性だが、親は子供が生まれて数か月のあいだ世話をし、狩りのしかたを教える。

かぎ爪の詳細図。

習性と生息地：　たいていオスだけ、あるいはメスだけで3，4頭のグループを作って狩りをする。しかし、獲物を追いかけるより、待ちぶせするほうが多い。イグアノドン類はわりあい簡単につかまえられるが、ケラトサウルス・ナシコルニスは、次ページに出てくるステゴサウルス・アルマトゥスのような、装甲を持つ恐竜を特に好んで襲う。剣竜類はのろまでにぶいが、追いつめられると凶暴になる。だから、彼らにとっていちばんの敵も、身を守るために角やヨロイをつけているのだろう。アロサウルスと同様に、ケラトサウルスにもいくつかの種があり、大きめの種のなかには竜脚類を専門に襲うものもいる。アフリカのケラトサウルス・インゲンスは、ケラトサウルス・ナシコルニスよりはるかに体が大きく、ブラキオサウルスのように巨大な竜脚類ばかりをえさにしている。

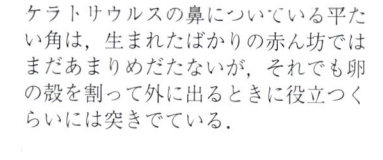

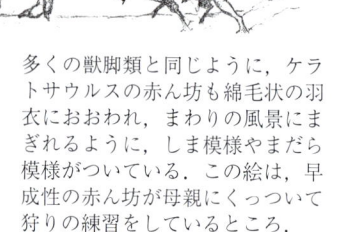

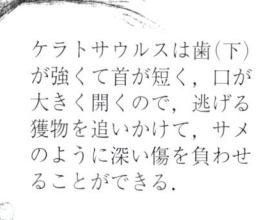

ケラトサウルスの鼻についている平たい角は、生まれたばかりの赤ん坊ではまだあまりめだたないが、それでも卵の殻を割って外に出るときに役立つくらいには突きでている。

多くの獣脚類と同じように、ケラトサウルスの赤ん坊も綿毛状の羽衣におおわれ、まわりの風景にまぎれるように、しま模様やまだら模様がついている。この絵は、早成性の赤ん坊が母親にくっついて狩りの練習をしているところ。

ケラトサウルスは歯（下）が強くて首が短く、口が大きく開くので、逃げる獲物を追いかけて、サメのように深い傷を負わせることができる。

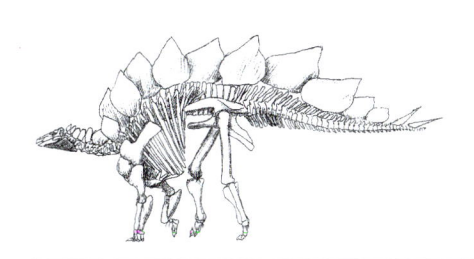

北アメリカ | 57

ステゴサウルス
Stegosaurus 
［屋根トカゲ］

分　類：　大型の装盾類
全　長：　8～10m（鼻から尾まで）

特　徴：　「骨板」を持つ恐竜のなかで最大のステゴサウルス・アルマトゥス（このページのイラスト）は，ずんぐりとした4足歩行の恐竜で，体全体が変化に富んだ緑色をしているが，背中にそって幅の広い骨板が並んでいるところから，ひと目でそれとわかる．この骨板はたがい違いに生えて，2重の列を作っている．骨板の色や模様はさまざまで，種や個体を見分ける手がかりになるらしい．また，動きが遅いので，背景の植物にとけこんで，体の輪郭がわからないようにするためにも，この色が役立つ．骨板には，獣脚類が横から襲いかかってくるのを防ぐ効果もある．尾の先に丈夫なスパイクが4本まとまってついているので，これを左右に振って身を守ることもできる．ステゴサウルス類は家族で小さな集団を作っている．リーダーは1頭のメスだが，集団のなかの構成は竜脚類ほど複雑ではない．毎年おとずれる発情期には繁殖場所にいくつものグループが集まり，まだ相手がいないオスなどは特に，家族グループのあいだを移動してまわる．発情したオスののどには，あざやかな色のはん点があらわれる．繁殖は協力しあって行い，大きめのオスやメスが見はりに立って，10個から12個の卵が入った巣をいくつも守っている．

習性と生息地：　おとなしい植物食恐竜で，森のはずれや川の土手ぞいなどで，背が低くてやわらかい植物を食べる．若くて新鮮な植物がたくさん生えていそうなところならどこだろうとかまわない．こうして群れで土を踏みならす行動が，偶然にも，若い植物が生えやすい環境を作っている．ステゴサウルス類は3か月から6か月の周期でえさ場を移動するので，次のえさ場に到着すると，いつでも植物が茂っている．また，無脊椎動物や小型の哺乳類，卵，動物の死骸などを食べることもあり，何でも丸のみして，筋胃のなかですりつぶす．そのために，河原の砂利や小石ものみこむ．

ケラトサウルスに攻撃されて，尾のスパイクが折れたステゴサウルス．

ステゴサウルスの尾のスパイクを上から見たところ．

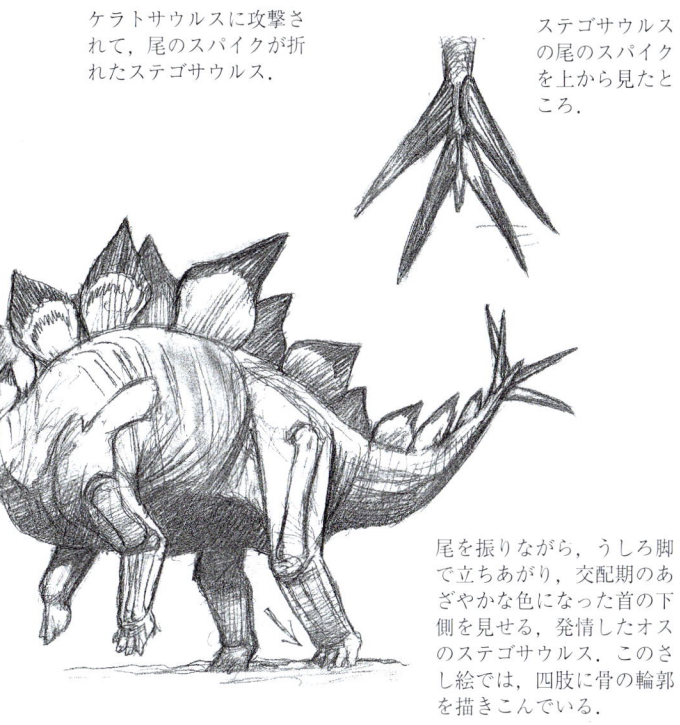

尾を振りながら，うしろ脚で立ちあがり，交配期のあざやかな色になった首の下側を見せる，発情したオスのステゴサウルス．このさし絵では，四肢に骨の輪郭を描きこんでいる．

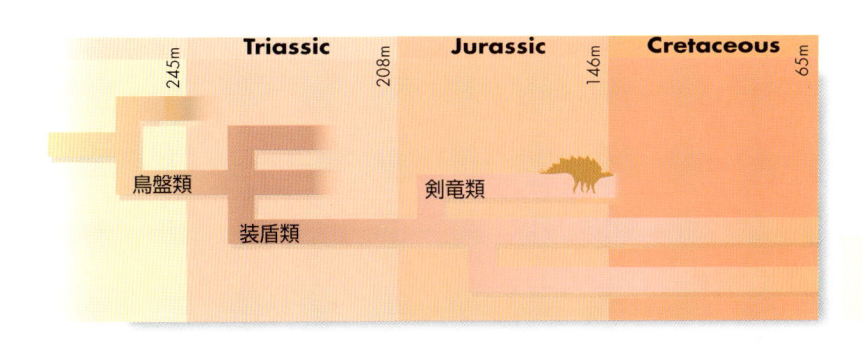

うしろ足には3本，前足には4本，指がある．前足の指のうち，2本にだけかぎ爪が生えている．

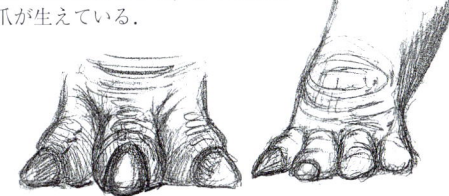

次ページ：　3頭のケラトサウルスが1頭のステゴサウルスをじわじわと取り囲む．ステゴサウルスは尾をあげて，身を守ろうとしている．

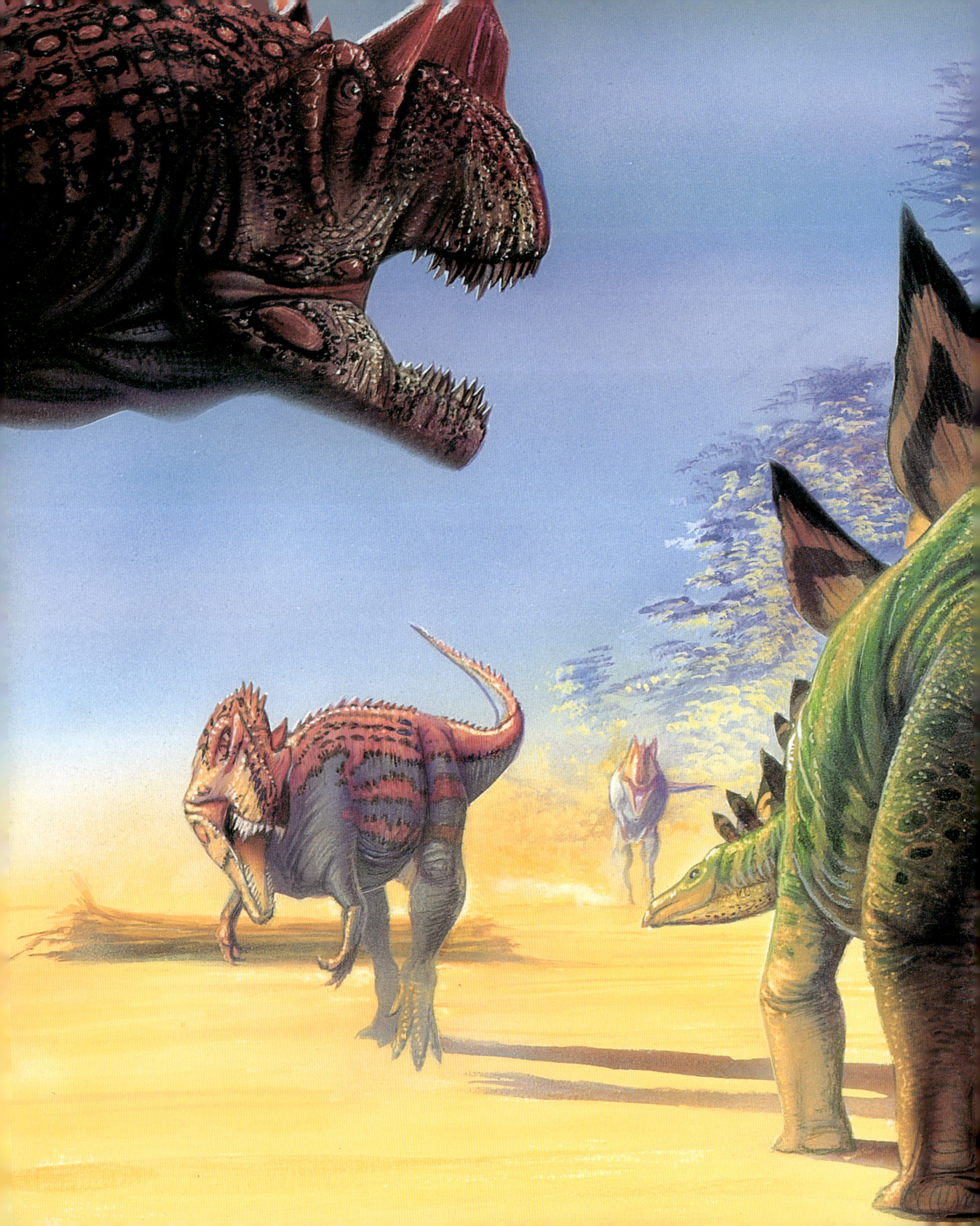

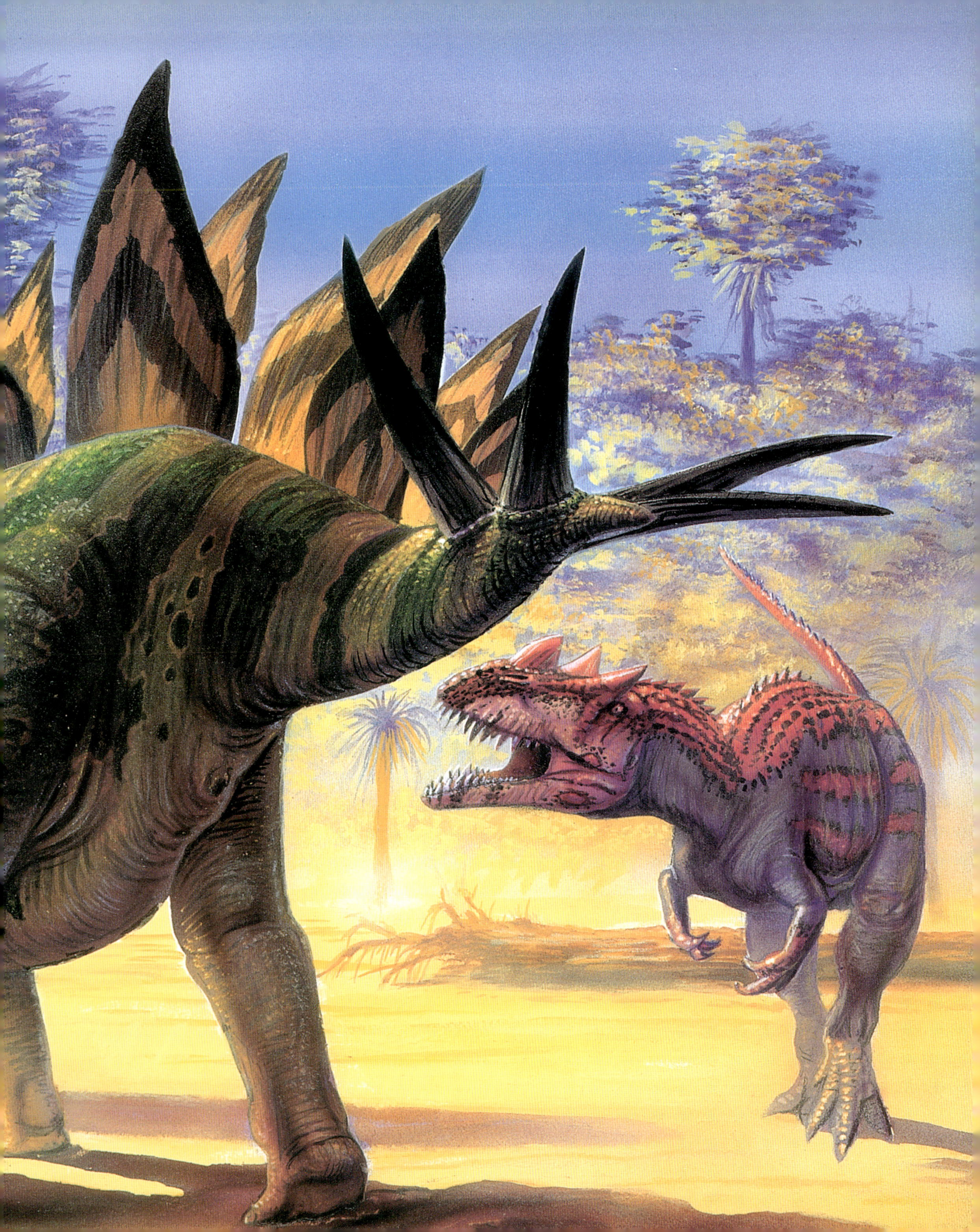

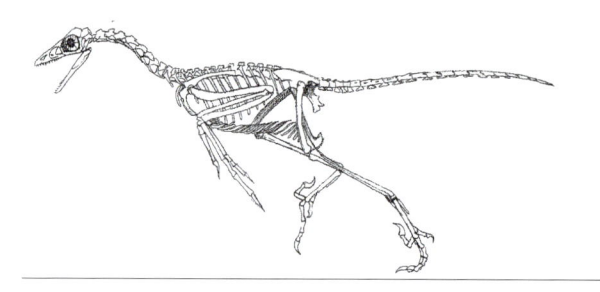

メスがはばたいて体をう
かせながら，木の幹をの
ぼって逃げている．

つばさについた
かぎ爪と，走る
のに適した足の
詳細図．

始祖鳥　*Archaeopteryx*
[古代の翼]

分　類： 空を飛ぶ小型獣脚類
体　長： 30〜60 cm（鼻先から肛門まで）

特　徴：　始祖鳥は羽毛の生えた獣脚類恐竜で，確認されている数種は，色や習性，生息地に違いがある．ここで取りあげるのは（イラストに描かれている）アルカエオプテリクス・リトグラフィカだ．羽毛は濃い青色から青みがかった灰色で，鼻は灰色をしている．顔のまわりについている肉垂はあざやかな黄緑色で，腹部と後肢は赤い．メスのほうが平均してオスよりやや大きいが，頭の羽はオスのほうがめだつ．始祖鳥は一生成長し続けるので，オスもメスも年齢によって大きさがかなり異なる．乾燥した冬場には低山帯の森でねぐらについたりえさを探したりするが，春の終わりの繁殖期になると，湖の近くや川べりの広々とした林地へ戻る．つがいは普通，単婚性だが，こみあった繁殖地ではほかの相手と交尾するところも見られる．低木のしげみや地面に，ゆきあたりばったりに巣作りをしたあと，つがいは明るい青色の卵を4個から6個抱卵する．赤ん坊は早成性で，白っぽい色に黒やチョコレートブラウンのまだら模様がついた体をしている．そして3か月で巣立ったあと，2年もすれば繁殖できるようになる．

習性と生息地：　始祖鳥がすむ亜熱帯から熱帯の地域には，コンプソグナトゥスなど小型獣脚類がたくさん見られる．小型獣脚類の多くは羽毛を持っているが，始祖鳥のように飛べる種類は少ない．飛ぶ力はなるべくむだづかいせずに，繁殖期に求愛したり，なわばりを争うときにせいいっぱい元気よく飛ぶ．しかし，始祖鳥に独特の姿が見られるのは，なんといっても，夕暮れにたくさん集まってブヨや蚊など小さな昆虫の群れを追いかけ，弧を描きながら水面をかすめるように低空飛行をくり返すときだろう．

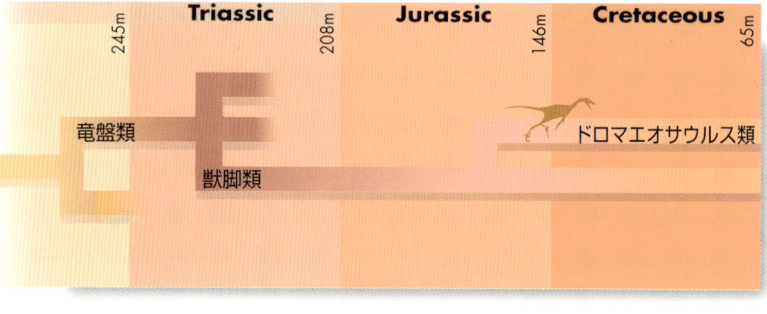

ヨーロッパ | 61

メス（左）とオスのアルカエオプテリクス・リトグラフィカの頭．

低木のしげみに巣を平らに広げて作り，卵を抱くメスと，それをながめるオス．

水の上でとびはね，はばたきながら昆虫を追いかけるオス．

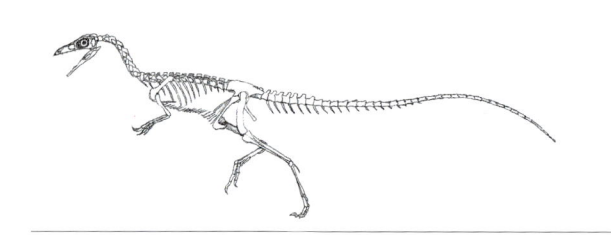

ジュラ紀

コンプソグナトゥス
Compsognathus
[かわいい顎]

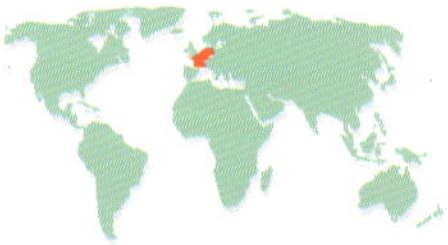

分　類： 小型で原始的な獣脚類
全　長： 1 m（鼻先から肛門まで）

特　徴： 長い吻部と，非常に長い尾を持つ小型獣脚類．オスとメスは同じ大きさだが，見かけはかなり違っている．オスは頭と，背中の中心にそって，めだつ黒い飾り羽が生えていて，そのほかの部分にはクジャクのような「目玉模様」がついている．「目玉模様」は白いふちどりのある黒いはん点で，背景は銀灰色だ．メスには飾り羽はなく，くすんだ黄かっ色か茶色一色におおわれている．この恐竜は必ず大きな群れで見つかる．春の交配期になると，オスは葉や球果，きらきら光る小さなもの（甲虫や魚のウロコなど）を使ってあずまやを作り，この舞台の上でメスを観客に派手なディスプレイを見せる．花嫁候補はあずまやへ入り，飾りつけをはずして巣に作りかえる．そしてオスとメスでいっしょに6個から8個の卵を温める．赤ん坊は早成性だ．コンプソグナトゥスは協力しあって繁殖するので，オスが息子や近い血筋のオスと並んでディスプレイを行ったり，血のつながりがある幼体や亜成体が抱卵を手伝っている姿が見られることもめずらしくない．

オスとメスの比較．オス（上）の頭には羽冠があり，白と黒のまだら模様になっている．これに対してメスは，茶色一色の羽毛におおわれている．

習性と生息地： 低地の湿った森から低木林までの地域で見つかる．コンプソグナトゥスは水辺からあまり離れず，水生の無脊椎動物や小さな魚をえさにしている．陸上では，小さな哺乳類やトカゲ類，始祖鳥のように地上に巣を作る鳥類の卵や赤ん坊を見つけて食べる．ジュラ紀のヨーロッパへ行くとたいてい，このかしこくて好奇心の強い動物が近寄ってくるので，きらきら光る小さなものをなくさないように用心しなくてはならない．最近の報告によると，コンプソグナトゥスのあずまやに，腕時計や菓子の包み紙，小銭，デジタルカメラなど，かけ離れた時代のものが使われているという．スタンガンの不発弾が見つかった例もある．

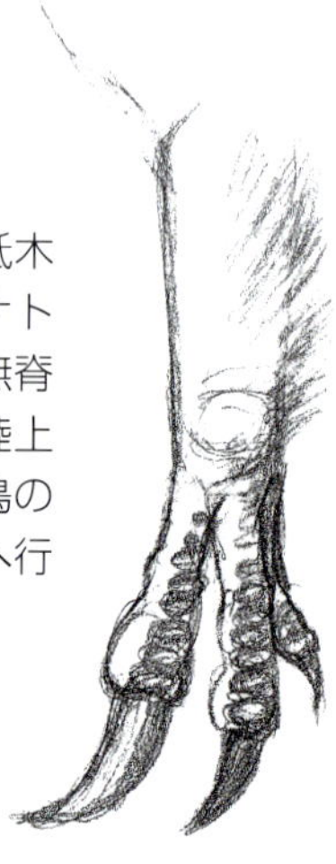

小さなトカゲ，バヴァリサウルスをくわえてぶらさげるコンプソグナトゥスを，正面から見たところ．

3本の指があるコンプソグナトゥスの前足．

小さな哺乳類を追いつめるコンプソグナトゥス．

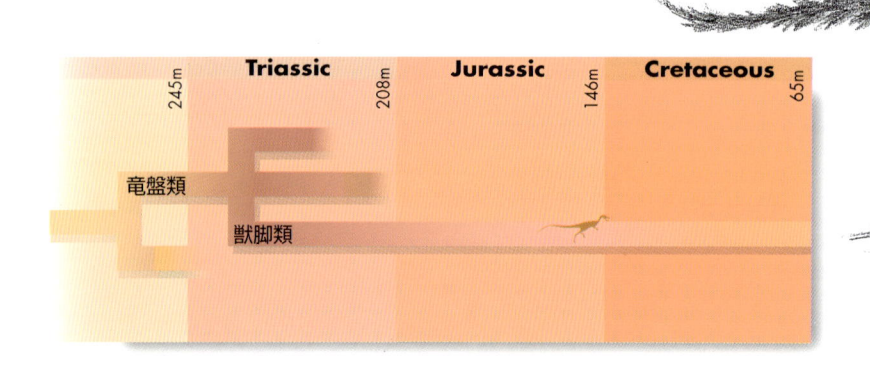

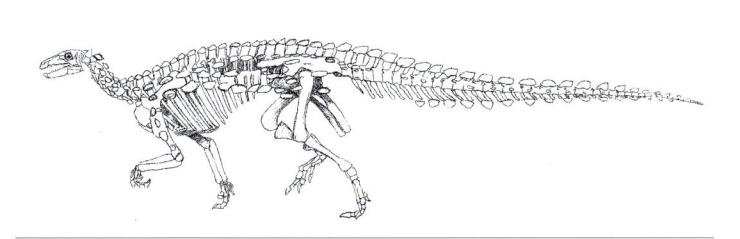

ヨーロッパ | 63

スケリドサウルス
Scelidosaurus
［突起トカゲ］ 

分　類：　初期の装盾類
全　長：　2.5〜4.5 m（鼻から尾まで）

特　徴：　比較的軽い造りの装盾類で，全体的に青みがかった灰色をしている．背中の表面は，7列に並んだ淡い灰色の装甲板で守られている．前腕や首，尾，頭のうしろにも保護用の装甲板がある．装甲板のあいだの皮膚，特に背中の部分は繊維質で丈夫にできている．スケリドサウルスは単独で行動していることもあれば，長生きのオスとメスがつがいでいることもある．恐竜にはめずらしく，繁殖期は決まっておらず，まったく繁殖行動をとらずに過ごす年も多い．そうかと思うと，1年に2回卵を産むこともあり，1回につき4個か5個の卵を温めるが，そのうちたった2個しかかえらない．赤ん坊は4，5年のあいだ，おとなについてまわったあと独立する．性的に成熟するのは，それからさらに10年後だ．これだけ手間がかかるところを見ると，かなり高齢まで生きるのだろう．なかには，なんと200歳以上と思われるものもいる．歳をとると，装甲板がときどき抜け落ちて生えかわるだけでなく，よぶんに生えて増えていく．高齢のものでは，背中や首，頭に装甲板の列が加わり，尾も装甲板でほぼ埋めつくされ，ヨロイ竜類に姿が似てくる．

習性と生息地：　低地の湿地に生い茂る森や，マングローブ，川，河口でよく見かける．ここで水生植物や，ぜん虫類，巻き貝などを探して食べる．ゆっくりとではあるが，上手に泳げるので，もの静かな植物食のワニといった感じに見える．数分間，水にもぐり続けることができ，川底を歩くという報告もなされている．めだたないようにおとなしくしているため，大型のワニ類や，海からときどき川をさかのぼってくるプリオサウルス類以外に，襲ってくる捕食者はほとんどいない．

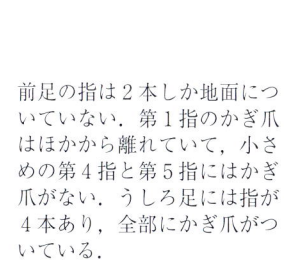

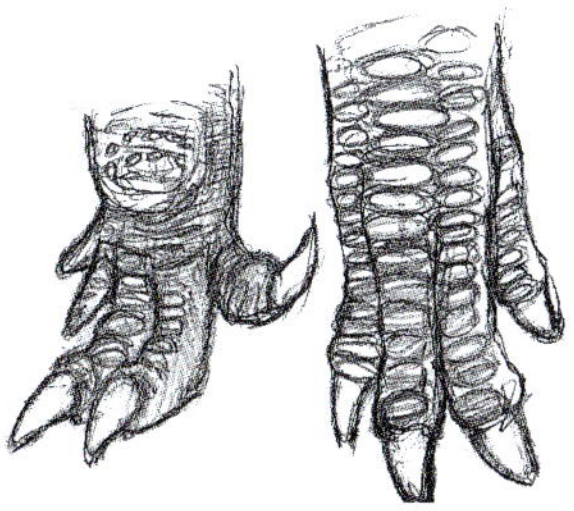

前足の指は2本しか地面についていない．第1指のかぎ爪はほかから離れていて，小さめの第4指と第5指にはかぎ爪がない．うしろ足には指が4本あり，全部にかぎ爪がついている．

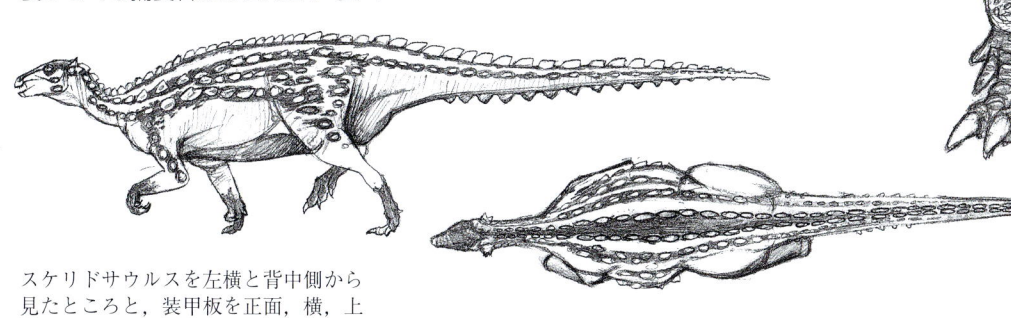

スケリドサウルスを左横と背中側から見たところと，装甲板を正面，横，上から見た詳細図（下）．

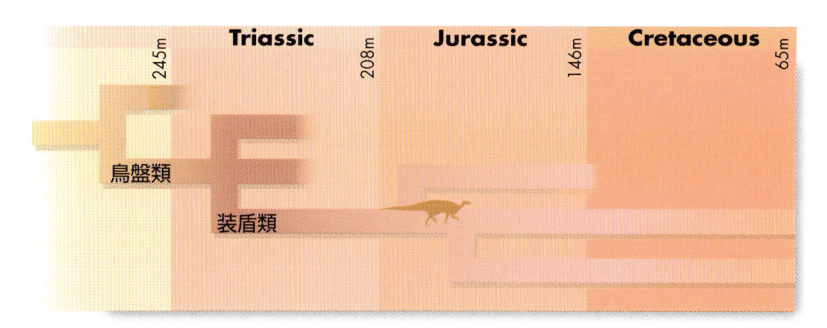

ブラキオサウルス
Brachiosaurus
[腕トカゲ]

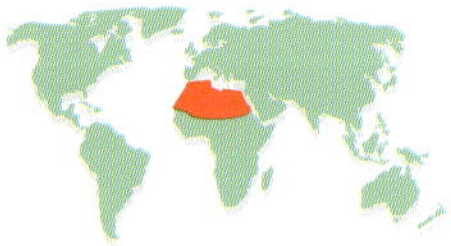

分　類： 大型竜脚類
全　長： 20〜32 m（鼻から尾まで）

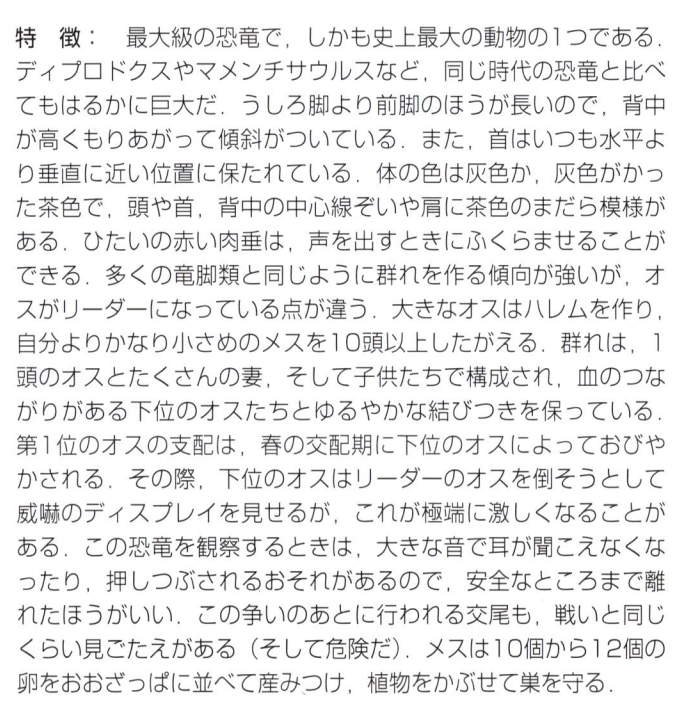

特　徴： 最大級の恐竜で，しかも史上最大の動物の1つである．ディプロドクスやマメンチサウルスなど，同じ時代の恐竜と比べてもはるかに巨大だ．うしろ脚より前脚のほうが長いので，背中が高くもりあがって傾斜がついている．また，首はいつも水平より垂直に近い位置に保たれている．体の色は灰色か，灰色がかった茶色で，頭や首，背中の中心線ぞいや肩に茶色のまだら模様がある．ひたいの赤い肉垂は，声を出すときにふくらませることができる．多くの竜脚類と同じように群れを作る傾向が強いが，オスがリーダーになっている点が違う．大きなオスはハレムを作り，自分よりかなり小さめのメスを10頭以上したがえる．群れは，1頭のオスとたくさんの妻，そして子供たちで構成され，血のつながりがある下位のオスたちとゆるやかな結びつきを保っている．第1位のオスの支配は，春の交配期に下位のオスによっておびやかされる．その際，下位のオスはリーダーのオスを倒そうとして威嚇のディスプレイを見せるが，これが極端に激しくなることがある．この恐竜を観察するときは，大きな音で耳が聞こえなくなったり，押しつぶされるおそれがあるので，安全なところまで離れたほうがいい．この争いのあとに行われる交尾も，戦いと同じくらい見ごたえがある（そして危険だ）．メスは10個から12個の卵をおおざっぱに並べて産みつけ，植物をかぶせて巣を守る．

習性と生息地： 群れは広々とした高地の針葉樹林にえさ場を持ち，繁殖期には木がわずかに生えた低地の広大な緑地へ移動する．若くてやわらかい葉や球果をとぎれなく食べるが，これらは栄養があまりないので，驚くほどの量を毎日食べ続けなくてはいけない．腸内には細菌が共生し，ビタミンを合成して補給している．腸内細菌はかたい植物の消化も助ける．巨大な竜脚類の大群は環境を大きく破壊するので，群れのメンバーがいつもえさにありつき，また森林が回復できるように，常に移動し続ける必要がある．この恐竜にはほとんど敵はおらず，例外は，卵を盗むオルニトレステスのような小型獣脚類や，アロサウルス・マクシムスのような大型の夜行性獣脚類くらいだ．しかし，獣脚類に襲われることはめったになく，おとなのオスにとっていちばん恐ろしい相手は，なかまのオスである．

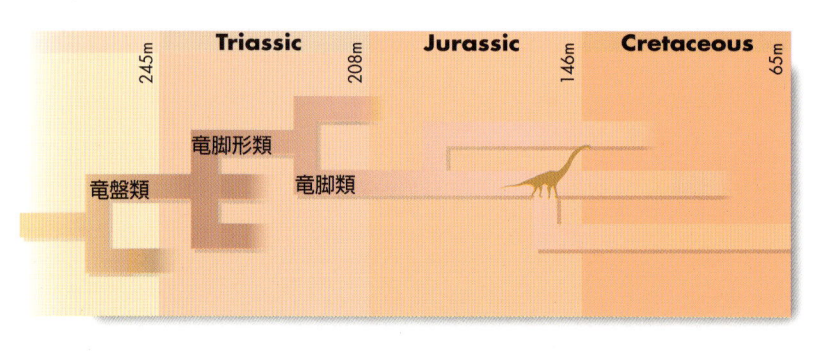

アフリカ | 65

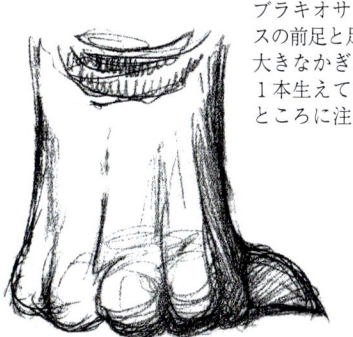

ブラキオサウルスの前足と足跡．大きなかぎ爪が1本生えているところに注目．

木の葉の形をしたブラキオサウルスの歯（右図）．

ブラキオサウルスの頭を横から見たところ．

66 | ジュラ紀

小さめのスパイクと骨板を持った，成長途中のトゥオジャンゴサウルス．

アジア | 67

トゥオジャンゴサウルス（下）の頭を、ほかの装盾類、ヘスペロサウルス（上）やフアヤンゴサウルス（まん中）と比較．

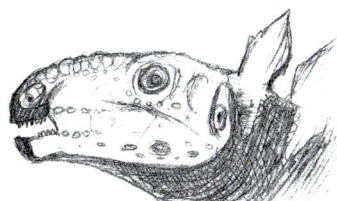

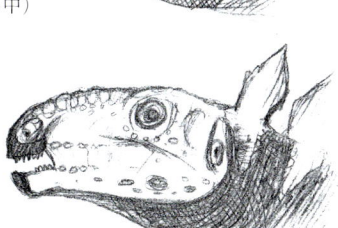

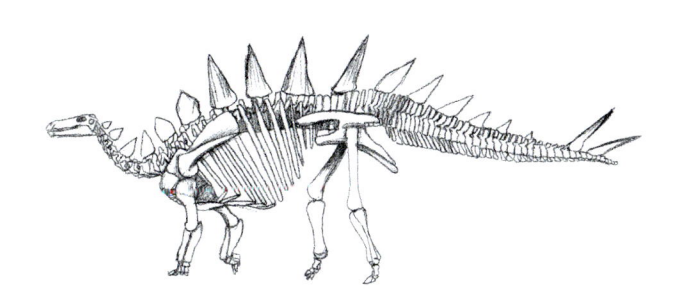

トゥオジャンゴサウルス
Tuojiangosaurus
[トゥオジャンゴのトカゲ]

分　類：　中型から大型の装盾類
全　長：　6～8m（鼻から尾まで）

特　徴：　トゥオジャンゴサウルスは同じ時代のステゴサウルスより小さくて色が暗く，背中には三角形の骨板15対が2列に並んでいる．骨板はステゴサウルスのものより幅が狭くて丈が高く，スパイクのようにとがっている．骨板の列は，ステゴサウルスのようにたがい違いではなく，左右対称に生えている．尾にはとても長いスパイクが2対ついていて，肩の上にも1本ずつ，大きなスパイクが生えている．もう1つ，ステゴサウルスと違う点は模様だ．ステゴサウルスの色どり豊かな骨板は，種を見分ける手がかりになるほかに，カムフラージュの役目もはたしているが，トゥオジャンゴサウルスの骨板はするどくとがっていて，濃い灰色一色になっているので，身を守る役目のほうが大きい．
　体の色は全体的にくすんでいて，濃い灰色と，紫がかった茶色のしまが交互についている．単独でいることも，小さな集団を作っていることもあるが，きちんとした社会構造にはなっていない．機会があれば交尾し，地面に穴を掘って6個から8個の卵を産みつけ，腐りかけている植物をのせて立ち去る．

習性と生息地：　おもに夜行性で用心深く，半水生の恐竜で，水辺のしげみや沼地の森で背の低い植物や藻類を食べる．ほかの剣竜類と同様に，見つけたものは何でも食べる雑食性で，地面を掘ってぜん虫類を探したり，小さな魚や甲殻類をつかまえたり，死肉をあさったりもする．木の生い茂る湿地にすんでいるので，ヤンチュアノサウルスのような大型獣脚類から襲われる心配は少ないが，交配や産卵，新しいえさ場探しのために乾いた高地へ移動するときは，危険な目にあうおそれがある．しかし，とりでのようにびっしり生えた骨板やトゲがあるので，ほとんどの攻撃者は手出しができず，とりわけ，骨板とトゲを敵に向けて防御の姿勢をとったときは，相手も簡単には近づけない．

追いつめられたトゥオジャンゴサウルス．2頭のヤンチュアノサウルスに攻撃され，前脚を地面についてヤマアラシのようにうずくまり，尾についている恐ろしいスパイクを左右に振って威嚇しながら，肩のスパイクで身を守っている．

Triassic 245m　Jurassic 208m　Cretaceous 146m　65m

鳥盤類
装盾類
剣竜類

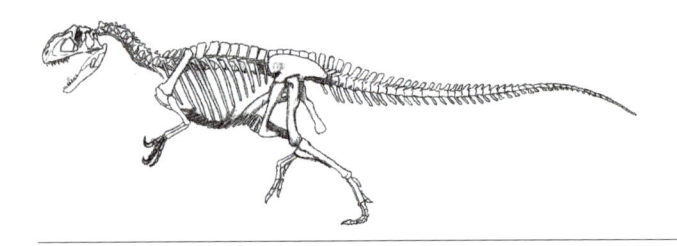

ジュラ紀

ヤンチュアノサウルス　*Yangchuanosaurus*
[ヤンチュアンのトカゲ]

分　類：　大型獣脚類
全　長：　9〜12m（鼻から尾まで）

特　徴：　同時代のケラトサウルスより大きく，近いなかまのアロサウルス・フラギリスよりずっしりとした体だ．体の色はそのどちらよりも明るく，やまぶき色とあざやかなエメラルド・グリーンの横じまが交互に入っている．オスの頭には複雑な骨質の装甲板があり，全体が金色にそまっている．メスはやや小さめで，色がくすんでいて，頭の飾りもあまりめだたない．アロサウルスと同じように単婚性で，つがいは巣作りのたびに2，3頭の子供を育てる．赤ん坊は淡い灰色の綿毛状羽衣にしっかりおおわれている．こうした家庭ができる前に，たぶんどの獣脚類よりも見ごたえのある求愛ディスプレイが行われている．繁殖期の直前になると，オスの体に光沢のある青緑色の羽毛がたっぷり生え，首には目を引くえりまき羽，そして腕やもも，尾にはクジャクのように虹色に輝くみごとな飾り羽がずらりと並ぶ．このように着飾ったオスたちは，その姿を見せびらかしながら得意げにメスの前を歩く．この時期には，オスはえさを食べずに子育ての大半を引き受け，メスが2，3頭の小さな集団を作って狩りに出かける．求愛用の羽はすぐに抜け落ちて，巣作りにうってつけの材料になる．

習性と生息地：　ヤンチュアノサウルスの小集団は，木がまばらに生えた低地にすみ，土手や小山に点々と生えた木立をねぐらにする．ここは営巣地や見はり所，メスがほかの恐竜を狩りに出かけるときの基地もかねている．アロサウルス・フラギリスより体重が重く，獲物を追いかけるより，じみちに足跡をたどって待ちぶせするほうに向いた体になっている．マメンチサウルスのような大型竜脚類を専門にねらうが，剣竜類のトゥオジャンゴサウルスを襲うこともある．トゥオジャンゴサウルスを襲うときは，協力しあい，2頭が正面にまわって相手の気を散らす必要がある．獲物が威嚇のディスプレイを見せているあいだに，3頭目がうしろから攻撃をしかけ，総排出腔がある無防備な尾のつけねにかみつく．

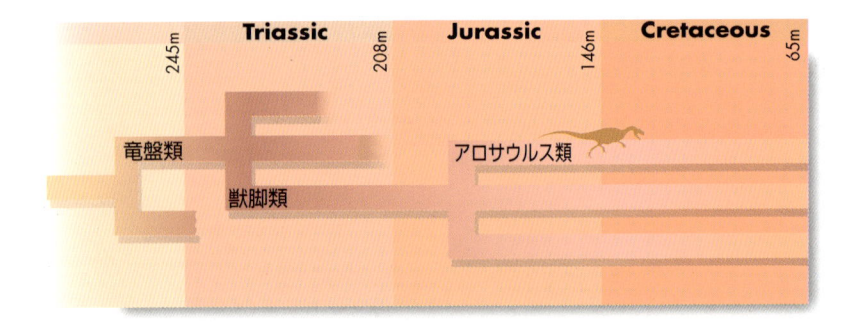

マメンチサウルスを沼地に追いこんで攻撃する，ヤンチュアノサウルスの集団．

アジア | 69

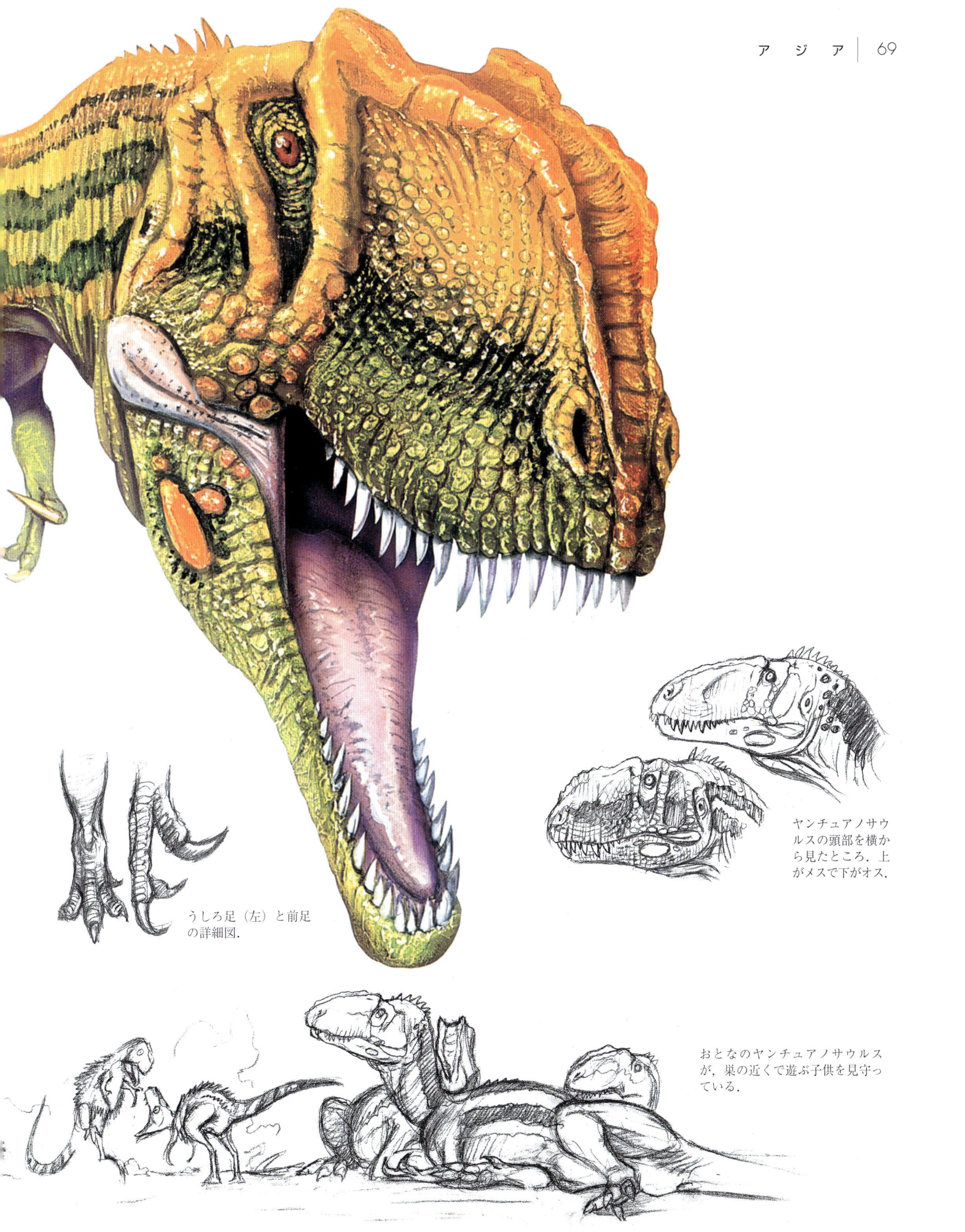

うしろ足（左）と前足の詳細図．

ヤンチュアノサウルスの頭部を横から見たところ．上がメスで下がオス．

おとなのヤンチュアノサウルスが，巣の近くで遊ぶ子供を見守っている．

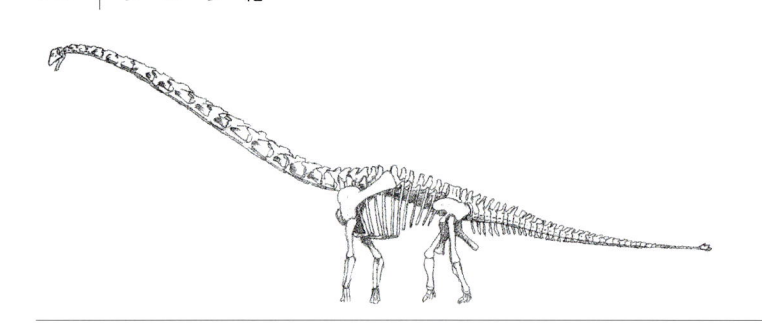

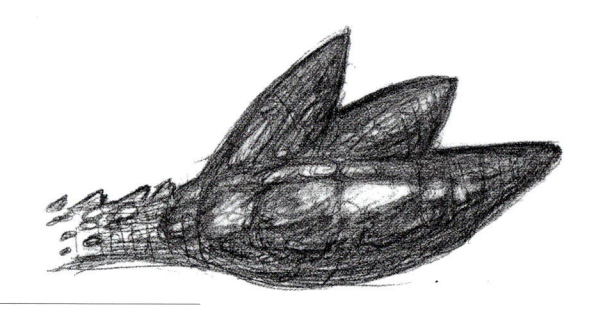

ジュラ紀

マメンチサウルス　*Mamenchisaurus*
[マメンチのトカゲ]

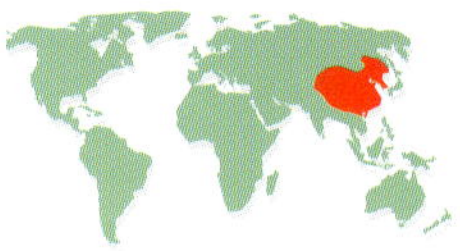

尾についているこん棒の詳細図．

分　類：　首の長い竜脚類
全　長：　20〜26m（鼻から尾まで）

特　徴：　どちらかというとやせ型で体が非常に長いところが，ディプロドクスに似ている．首は極端に長く，細い胴体に比べて不釣り合いなほど太い．尾の先に小さな骨質のこん棒がついていて，背中のまん中にそって骨板が突きでていることもある．四肢と横腹はまだら模様のついた灰色で，これに対して体の中心線や胴体，首，尾の背面は濃い灰色から黒色をしている．この2つの部分を区切るように，深紅色のラインが下あごから尾のまん中までのびている．鼻と目のあたりに赤い肉垂がついている場合もあり，鼻の肉垂は声を出したりディスプレイを見せるときにふくらませることができる．マメンチサウルスは集まってくらす傾向が強く，たいていは，メスをリーダーにした1，2家族を中心に，100頭にもなる大きな群れを作っている．独身のオスは小さめの集団で生活し，交配期になると集まってもっと大きな群れを作る．その後，メスは10個から20個ほどの卵をうずまき状に産みつけ，植物ですっぽりおおって卵がかえるまで巣を守る．子供は短期間に大きくなり，夏のはじめには群れといっしょに移動できるほどまで成長する．

大きくて丸いマメンチサウルスの卵．

習性と生息地：　谷底や広大な氾濫原の水辺で見つかることが多く，こうした場所で長い体をいかして首を沼地の上にのばしたり，広々とした水面に突っこんだりして，えさを探している．体が大きく，社会性が強いため，敵はほとんどいない．マメンチサウルスを襲えるほど大きな獣脚類は，ヤンチュアノサウルスなど，ごくわずかだ．それに，もし襲われたとしても，竜脚類は群れを丸く取り囲んで尻を外へ向け，武器のついた尾を振りまわすので，かなりの力を発揮できる．また，マメンチサウルスは泳ぎが上手なので，捕食者からうまく逃げることができる．沖あいの島に大型竜脚類がいるところがときどき目撃されるのも，そのためだろう．

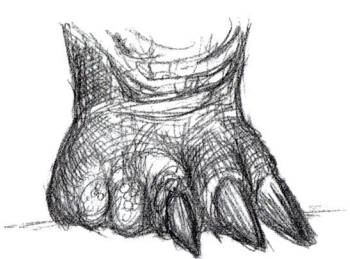

足の詳細図．

アジア | 71

骨質のこん棒のような尾は，身を守る強力な武器になる．

沖で泳ぐマメンチサウルス．うしろのほうで，首長竜類が魚の群れをかり集めている．

横から見た頭部と，歯だけ抜き出して描いた図．

	Triassic		Jurassic		Cretaceous
245m		208m		146m	65m

竜脚形類

竜盤類　竜脚類

Cret

145.5 to 99.6 million years ago
白亜紀前期からその中ほど
1億4550万年前から9960万年前

aceous period

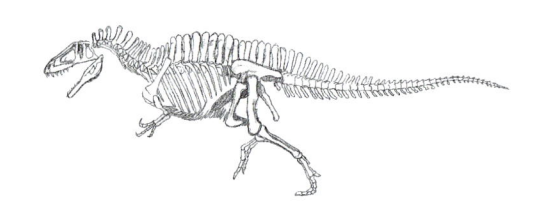

白亜紀前期からその中ほど

アクロカントサウルス　*Acrocanthosaurus*
[先端にぎざぎざのあるトカゲ]

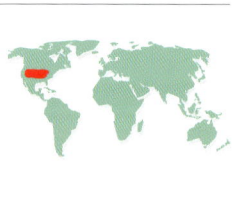

分　類：　大型獣脚類
全　長：　8〜12m（鼻から尾まで）

特　徴：　大型であざやかな色をした獣脚類．動きが遅くて，とても頭が悪く，もっぱら腐肉をえさにしている．頸椎骨が長くのびて，背中に特徴のある帆を作っているので，スピノサウルスと近い関係にあるように見える．実は，この恐竜はアロサウルスや，「陸のサメ」と呼ばれるカルカロドントサウルスのほうにずっと近い．腕はやや短く，第1指にめだつかぎ爪がついている．腐肉を食べる習性があるので，強い腐敗臭がする．嗅覚が発達しているが，視覚と聴覚はにぶい．腐りかけた死体の臭いや，交配相手の臭いも，何kmもはなれた場所からかぎつけられる．もちろん，死体と交配相手が同じ場所で見つかることはある．ふだんは単独行動なので，そういうときは腐肉を取りあってもめ，だらだらとぎこちない交尾をしたあと，その場からいなくなる．陸上にすむ多くの恐竜とは違って，アクロカントサウルスは有胎盤類のような方法で育った赤ん坊を産む．子供は驚くほど早成で，生まれるとすぐに逃げ去る．死んで生まれた子供やのろまな子供はあっというまに母親に食べられてしまうので，生きのびるにはそうやって逃げたほうがいいのだ．

習性と生息地：　恐竜の生物学的特徴が大きくねじまげられていなければ，この恐竜は全体的にくすんだ灰色をしているはずだ．普通は，赤や緑のシミやしま模様のある，変化に富んだあざやかな色をしているが，これが「屠殺場のゴミを長いあいだ日にさらした」ようだとか，「腐った卵が下水溝につまった」ようだともいわれる臭いの原因になっている．腐りかけの肉を好むので，アクロカントサウルスはさまざまな細菌に感染している．そのなかにはこの腐肉食恐竜と密接な関係になり，その皮膚にコロニーを作っている細菌も見られる．特に顔や背中，帆にコロニーができやすく，その結果，独特の色がついた模様があらわれる．細菌が放つ臭気は個体によって違うので，それぞれの恐竜が独自の臭いを持っている．こうした臭いの違いは，もともとはいいかげんだった交配の相手選びや，種分化にまで影響をおよぼしている可能性がある．帆のなかに細菌のコロニーがたくさん見つかるので，椎骨がちゃんとのびて帆ができるためには，細菌に感染する必要があるかもしれないし，感染しないままだと性的に成熟せず，繁殖できないだろう，と言う研究者もいる．

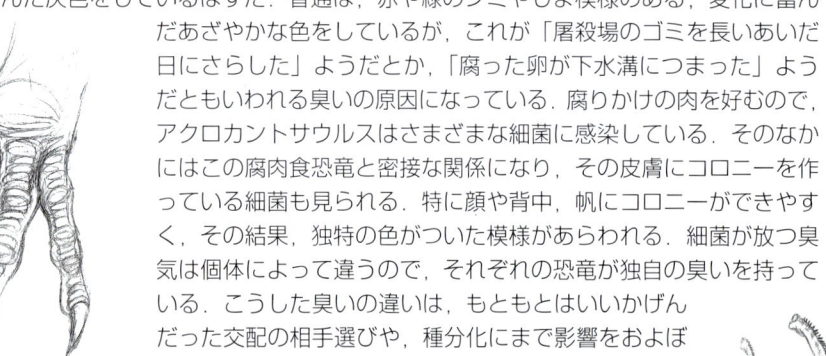

前足の詳細図．第1指にめだつかぎ爪がある．

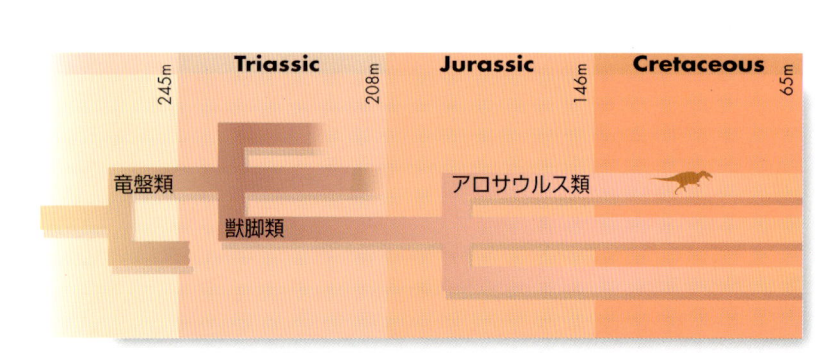

アクロカントサウルスがえさを探している姿を正面から見たところ．あごを大きく開いているが，威嚇のディスプレイではない．口の奥にあるヤコブソン器官を使って，空気中の臭いをかいでいるだけだ．

アクロカントサウルスと小型の獣脚類が，かなり腐った竜脚類ペロロサウルスの死体を食べている．うしろのほうに群れが見えるが，このペロロサウルスはこうして群れで移動している最中に命を落とした．

Triassic　245m　208m　Jurassic　146m　Cretaceous　65m
竜盤類
獣脚類
アロサウルス類

北アメリカ | 75

アクロカントサウルスの足跡．獣脚類に特有の3本指だ．

頭と首を横から見たところ．頸椎骨の神経棘が長くのびている．

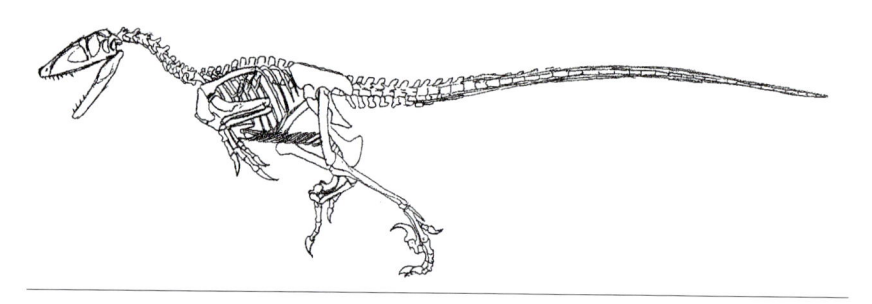

76 | 白亜紀前期からその中ほど

デイノニクス　*Deinonychus*
[おそろしいかぎ爪]

分　類：　集団で狩りをする獣脚類
全　長：　3m（鼻から尾まで）

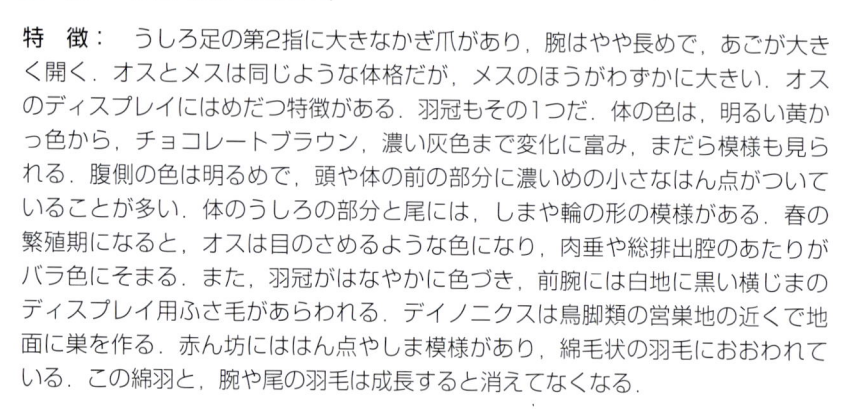

特徴：　うしろ足の第2指に大きなかぎ爪があり、腕はやや長めで、あごが大きく開く。オスとメスは同じような体格だが、メスのほうがわずかに大きい。オスのディスプレイにはめだつ特徴がある。羽冠もその1つだ。体の色は、明るい黄かっ色から、チョコレートブラウン、濃い灰色まで変化に富み、まだら模様も見られる。腹側の色は明るめで、頭や体の前の部分に濃いめの小さなはん点がついていることが多い。体のうしろの部分と尾には、しまや輪の形の模様がある。春の繁殖期になると、オスは目のさめるような色になり、肉垂や総排出腔のあたりがバラ色にそまる。また、羽冠がはなやかに色づき、前腕には白地に黒い横じまのディスプレイ用ふさ毛があらわれる。デイノニクスは鳥脚類の営巣地の近くで地面に巣を作る。赤ん坊にははん点やしま模様があり、綿毛状の羽毛におおわれている。この綿羽と、腕や尾の羽毛は成長すると消えてなくなる。

習性と生息地：　木がまばらに生えている地域から広々とした氾濫原にすみ、イグアノドンやテノントサウルスなど鳥脚類の群れについてまわる。竜脚類をねらうこともたまにある。3頭から6頭の集団で獲物を待ちぶせ、びっくりするほどのスピードで襲いかかる。もし必要なら追いかけて、うしろ足の長いかぎ爪で何度も切りつけ、獲物を疲れさせる。デイノニクスはトカゲ類のような小型の脊椎動物を探して木にのぼることもあるが、水のなかには入らない。非常に危険な恐竜なので、装甲車に乗って風下から双眼鏡で観察するのがいちばんよい。

とびあがって攻撃をしかける、幼いオスのデイノニクス。

うしろ脚の詳細図。第2指にある鎌のようなかぎ爪は、地面から離れている。

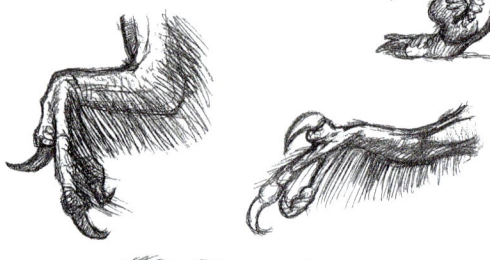

前腕を描いた3枚の図。手の構造に特徴があり、鳥類のように手首が横に曲がることがわかる。

クリーム色から濃い青緑色をした大きな卵を、オスとメスがいっしょに世話をし、産卵から28日後に赤ん坊が生まれるまで温める。

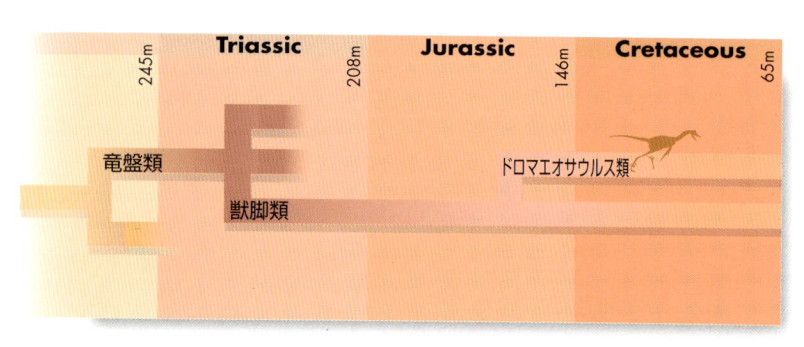

	Triassic	Jurassic	Cretaceous
	245m	208m	146m	65m

竜盤類
獣脚類
ドロマエオサウルス類

北アメリカ | 77

オス（うしろ）にはディスプレイ用の羽毛があり，手前にいるメスは頭がはげていて，ずんぐりしているところに違いがある．

メスが見ている前で，テノントサウルスの死体を取りあうオスたち．

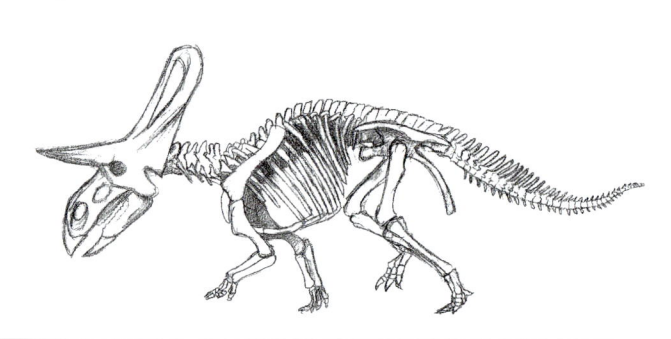

78 | 白亜紀前期からその中ほど

ズニケラトプス *Zuniceratops*
[ズーニー族の角の顔]

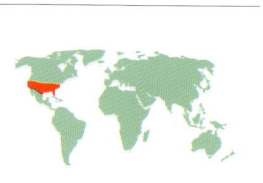

分　類： 小型角竜類
全　長： 2.5～4m（鼻から尾まで）

特　徴： 小型の角竜類で，非常に長い吻部に，特徴のある骨質の隆起がかぶさっている．この隆起は下へ向かってのびて，上のクチバシにつながっている．ほおの骨ももりあがって横に突きだし，先端に小さな角がついている．まゆの場所にはめだつ角があり（この特徴を持つ角竜類としては知られているかぎり最古の種類），大きなえり飾りがうしろに広がっている．えり飾りの「わく」と中央の柱は黄緑色で，緑色の装甲板があり，低い位置のうしろのはしに角が生えている．まん中の支柱がないところは，明るいオレンジ色で輪郭が強調され，繁殖期に発情したオスでは（大きなイラストのように）とりわけあざやかに色づく．体のほかの部分は太くずんぐりとしていて，装甲のある背中側は緑がかった色，装甲の少ない横腹や脚，下腹，尾は黄色っぽい色をしている．大きな群れ（50頭から100頭）を作り，そのなかで少数のオスがメスを取りあう．しかし，1頭のオスがすべてのメスを独占することはないので，オスどうしの優劣争いは1年を通じてとぎれとぎれに起きている．春の発情期には特に争いが激しくなる．メスは共同で巣を作り，砂と腐りかけた植物でできた巨大なこやしの山に卵をいっしょに産みつける．

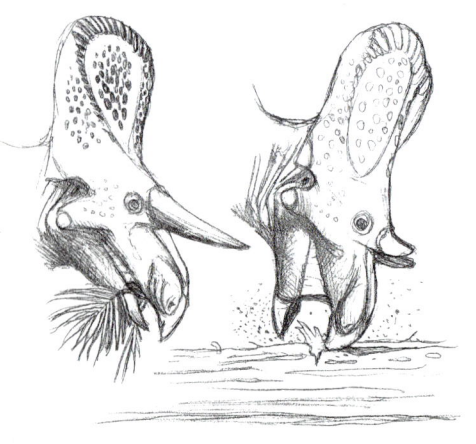

習性と生息地： ズニケラトプスは湿地の森林から木がいくらか生えた緑地まで，樹木のある環境を好み，低木の葉や球果を食べたり，倒れた木の樹皮をはいで昆虫や地虫を探して生活している．ときには死肉も食べる．しかし，遠くまで足をのばすことも多く，発情期には群れ全体で広々とした半砂漠地帯へ移動する．ズニケラトプスをねらう獣脚類は数多く，両者がぶつかると激しい戦いがくり広げられる．単独で1，2頭の大型獣脚類を相手にするのはとても無理だが，群れでいるときに追いつめられると，ズニケラトプスは団結して立ち向かい，群れのなかから数頭が獣脚類に飛びかかって撃退することもある．

獣脚類の死体を食べるズニケラトプス．

角竜類の頭の比較．

スティラコサウルス

セントロサウルス

トロサウルス

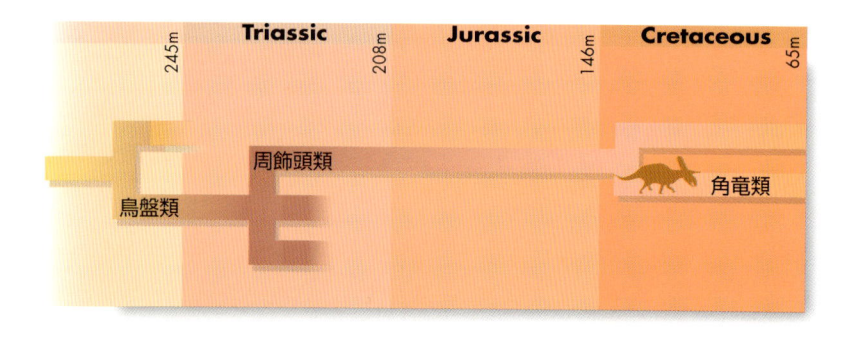

倒れた木から葉を食いちぎったり（左），樹皮をはぎ取ったりする（右）ズニケラトプス．

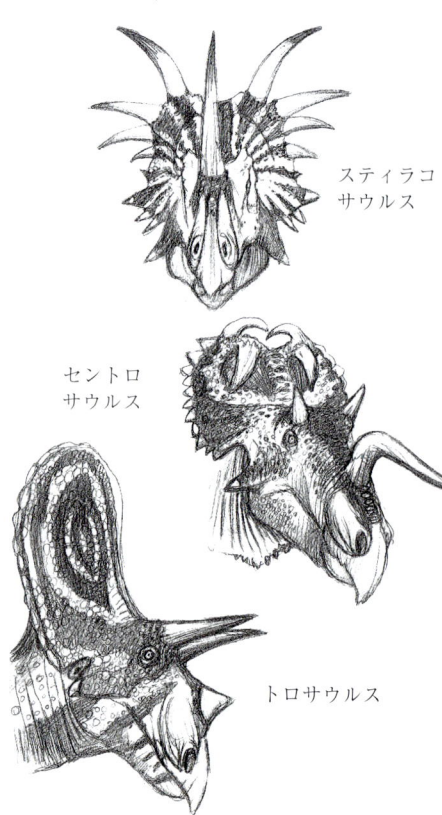

この恐竜の特徴であるこやしの山でできた巣のてっぺんから，赤ん坊のズニケラトプスが生まれて出てきたところ．

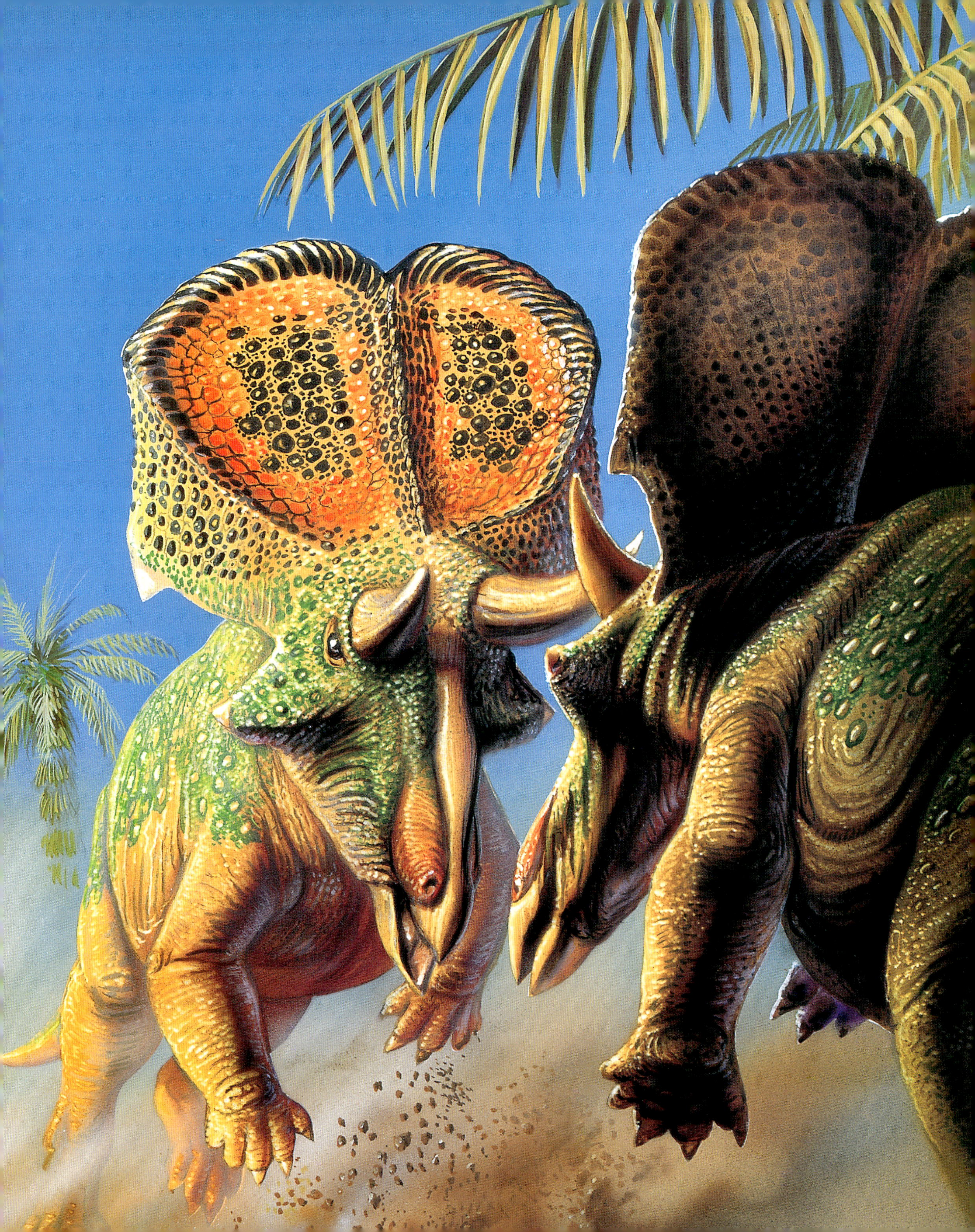

白亜紀前期からその中ほど

かたい茎から，やわらかい葉や芽をあごでかき取るようにして食べる．

一部の種では，首のトゲを包むように2重の帆ができている．繁殖期に，この帆は明るく色づいて，性別を示す飾りになる．

アマルガサウルス
Amargasaurus
[アマルガのトカゲ]

分 類： 中型竜脚類
全 長： 10m（鼻から尾まで）

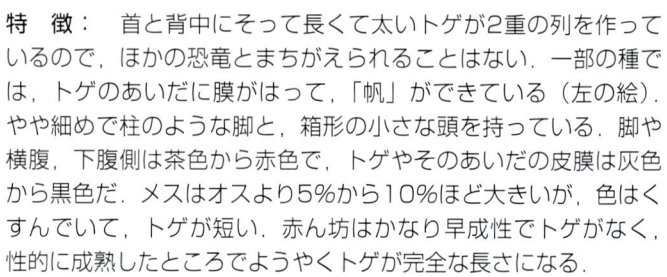

特 徴： 首と背中にそって長くて太いトゲが2重の列を作っているので，ほかの恐竜とまちがえられることはない．一部の種では，トゲのあいだに膜がはって，「帆」ができている（左の絵）．やや細めで柱のような脚と，箱形の小さな頭を持っている．脚や横腹，下腹側は茶色から赤色で，トゲやそのあいだの皮膜は灰色から黒色だ．メスはオスより5％から10％ほど大きいが，色はくすんでいて，トゲが短い．赤ん坊はかなり早成性でトゲがなく，性的に成熟したところでようやくトゲが完全な長さになる．

習性と生息地： 高地の川ぞいにのびる林にすみ，小さな集団で生活している．毎年，発情期から巣作りの時期に広々とした低地へ移動し，だんだん大きな集団を作っていく．オスは首のトゲをディスプレイに利用し，ときどきオスどうしで戦って優劣を決める．勝ったオスは一時的なハレムを作り，メスの集団を独占する．1年の大半は，メスをリーダーとする家族集団で過ごし，独身のオスはゆるいつながりの集団を作ったり，単独で行動する．普通は植物食で，球果や樹木の組織を好むが，無脊椎動物を食べたり，死肉や骨をあさったりもする．ほかの竜脚類といっしょに（特にこの時代の南アメリカでは，さまざまな種類がまじって）群れを作り，そこへ南の大陸に特有の捕食者であるアベリサウルス類という小型獣脚類が加わっていることもある．

杭に似た歯

クリーム色がかった白色の卵．グレープフルーツよりやや大きめで，特有の大きな孔があいている．

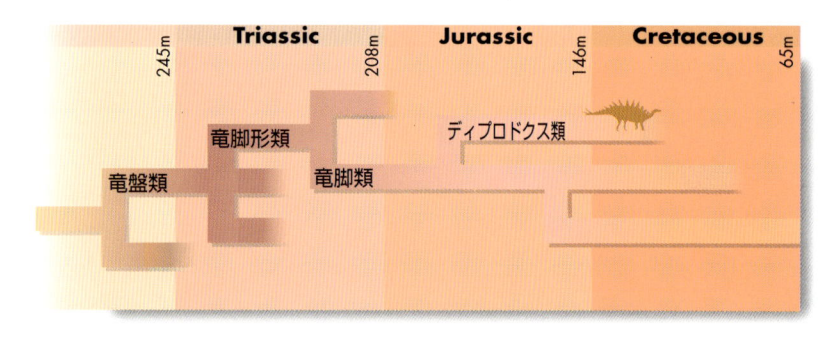

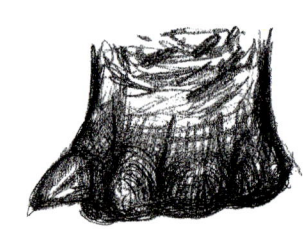

アマルガサウルスの足．

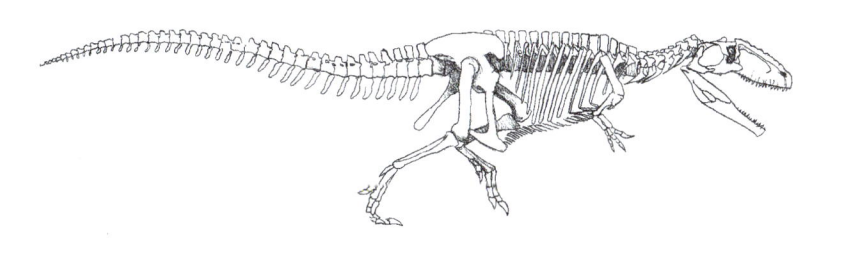

南アメリカ | 81

ギガノトサウルス　*Giganotosaurus*
[巨大な南部のトカゲ]

分　類：　大型獣脚類
全　長：　13～15m（鼻から尾まで）

特　徴：　史上最大級の捕食者で，恐ろしい姿をしているため，見かけはティラノサウルス類のようだが，顔の複雑な隆起と，骨質の装甲板，前足に（2本ではなく）3本の指がついている点や，あとにあらわれる獣脚類のように，うしろ足の指が（3本ではなく）4本あるところから区別できる．オスとメスはよく似ている．どちらも頭と横腹がエメラルドグリーンで，下腹部に近づくと灰色がかった茶色に変わる．体は白亜紀後期のティラノサウルスより大きく，アフリカにすむ近いなかまのカルカロドントサウルスと同じくらいだ．ギガノトサウルスとカルカロドントサウルスが属している白亜紀中ほどの獣脚類グループは，巨大な竜脚類専門のハンターとして進化したアロサウルスにつながりがある．ギガノトサウルスはたいてい大きなオスを中心に小さな家族集団を作り，移動する竜脚類の群れについてまわり，そのコロニーの近くで巣を作る．オスはハレムを支配してたくさんのメスと交尾し，メスはそれぞれ2,3頭の赤ん坊を育てる．子供は晩成性で，やや未熟な状態で生まれる．交配相手のいない若いオスは単独で行動し，リーダーの座を奪おうとする．ときにはこれが成功し，集団に新しい血が加わる．狩りをするのはおもにメスだ．

習性と生息地：　巨大竜脚類を専門にねらうので，最大級の竜脚類であるティタノサウルス類を襲えるだけの体格と筋肉を持つ．群れでさまざまな竜脚類を追いかけるが，なかでもよく標的にされるのがアルゼンチノサウルスだ．体長が35mから45mにもなるアルゼンチノサウルスは，これまで地球にあらわれた陸上動物のなかで最大と思われる．相手が小さめなら，3,4頭が協力しあって追いつめ，スピードよりも，忍び寄って技をかける能力をいかして倒すことができる．しかし，巨大で恐ろしいリーダーのオスでさえ，1頭だけでは，おとなのアルゼンチノサウルスにはかなわず，へたすると前足でふみつぶされて命を落としたり，ムチのような尾のひと振りで気絶させられたりする．

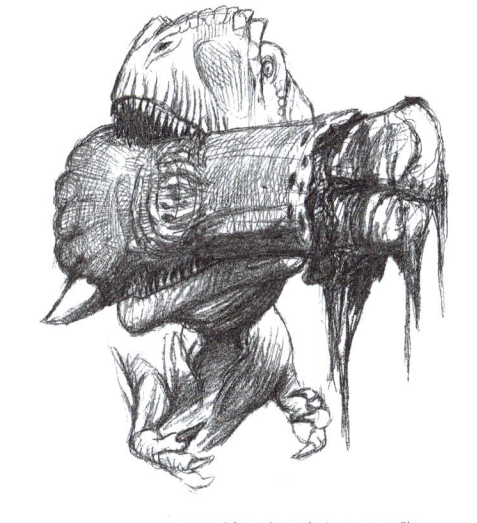

アルゼンチノサウルスの脚をたくましいあごでくわえる，ほこらしげなギガノトサウルス．

	Triassic		Jurassic		Cretaceous	
245m		208m		146m		65m

竜盤類
獣脚類
アロサウルス類

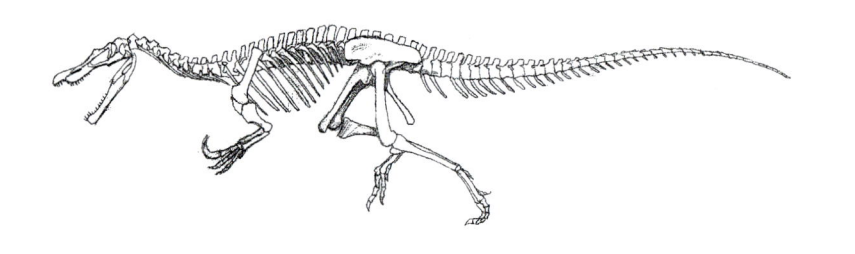

バリオニクス　*Baryonyx*
[重いかぎ爪]

分　類：　半水生の大型獣脚類
全　長：　9〜12m（鼻から尾まで）

特徴：　この恐竜の特徴であるクロコダイル類のような細長い頭骨は，近いなかまのスコミムスやスピノサウルスのものに似ている．前足の第1指には長さ30cmの巨大なかぎ爪がついている．遠いなかまの獣脚類であるデイノニクスなども大きなかぎ爪を持っているが，デイノニクスの場合はうしろ足にある点が違う．上の歯列にV字型の切れこみがあり，これが鼻先まで続いて「魚をつかまえるわな」のようになっている点にも注目してほしい．オス（大きな絵）はあざやかな色をしていて，明るい青色と藤色の横じまが入っている．吻部は茶色で，頭のてっぺんに小さな赤いトサカがある．メスはオスより少しばかり大きいが，色はくすんでいて，赤いトサカはない．ふだんは単独で行動し，広いなわばり，あるいは漁場を持っている．春の発情期が近づくと，オスとメスがたがいに交配相手を探し求めるので，なわばりの境界が「薄れる」．20頭から30頭が集まり，オスがメスを取りあう様子は見ごたえがある．オスとメスはいっしょに，川のなかの小さな島や岩に植物を積んで巨大なダムを作り，そこへ2個か3個の卵を産みつけて交代で世話をする．海の近くにすむバリオニクスは，海辺から一段高い場所に巣を作る．たいていは翼竜類の集団繁殖地のなかに位置している．子供は早成性で，体を隠すために茶色の綿毛状羽毛をまとっているが，これは巣立ちができるようになると抜け落ちる．

習性と生息地：　水辺から遠いところで見つかることはまったくなく，川べりや浜辺のなわばりを守って生活している．浅瀬を歩きまわってえさを探し，レピドテスのような魚をあごでつかまえて食べる．魚を食べることで知られ，白亜紀のサギとも呼ばれているが，カメ類や板歯類，首長竜類，ワニ類を含めて，水生動物なら何でもつかまえる．また死肉をあさり，ほかの恐竜の死体を食べることもある．たまに巨大なプリオサウルス類が岸に打ちあげられると，広い範囲からバリオニクスが集まってきて，死肉を取りあって激しく争う．

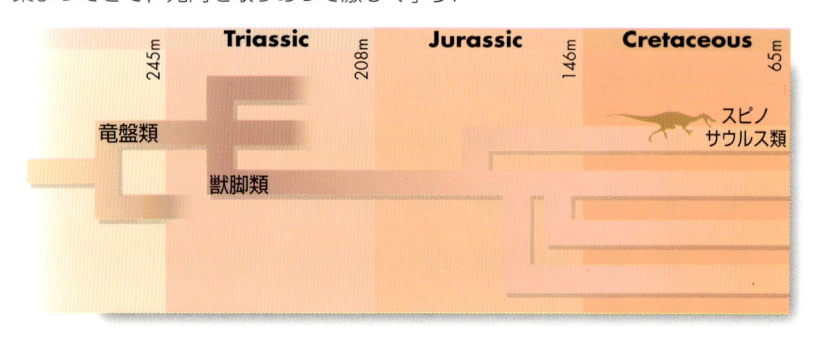

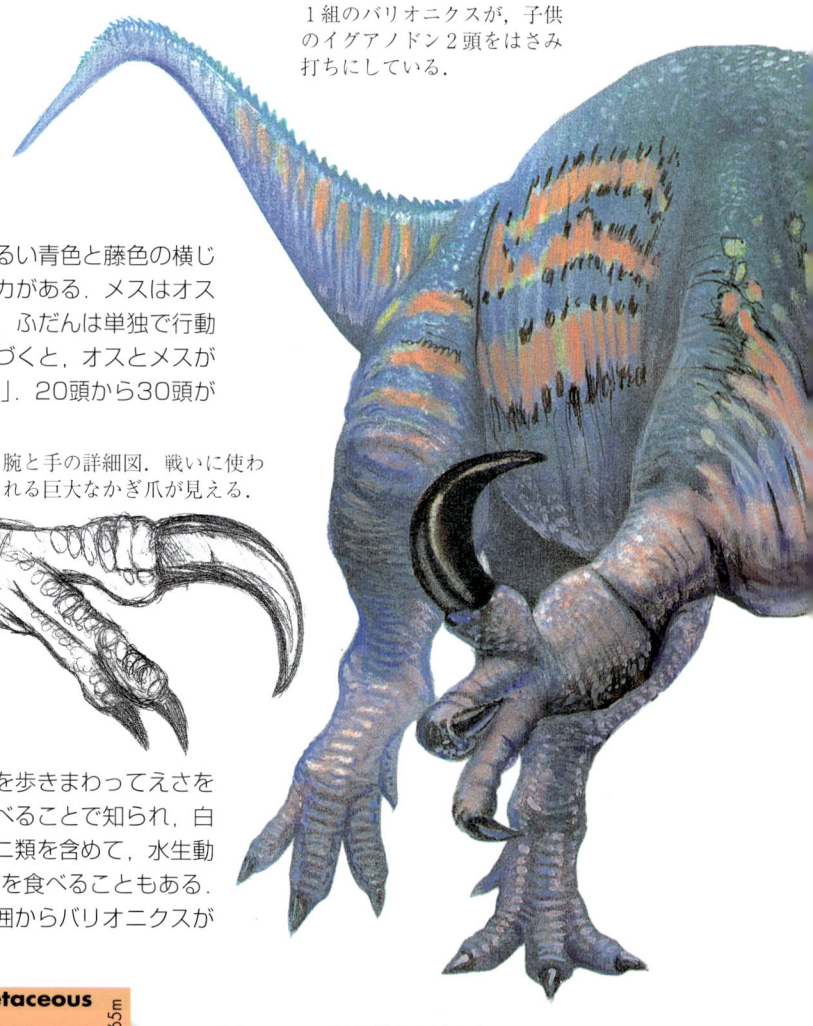

1組のバリオニクスが，子供のイグアノドン2頭をはさみ打ちにしている．

腕と手の詳細図．戦いに使われる巨大なかぎ爪が見える．

バリオニクスの頭を横から見たところ．あごを魚とりわなのように使う．

ヨーロッパ | 83

長い首で相手を押しのけようとする，さかりのついたオスのバリオニクス2頭．細くてやや傷つきやすいあごが攻撃されないように十分気をつけながら，長いかぎ爪で深く切りつけている．

植物食恐竜イグアノドンのねじ曲がった死体を食べる，バリオニクス．

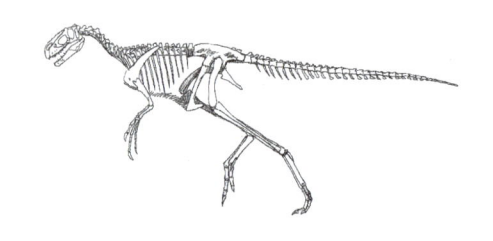

84 | 白亜紀前期からその中ほど

エオティラヌス　*Eotyrannus*
[最初の暴君]

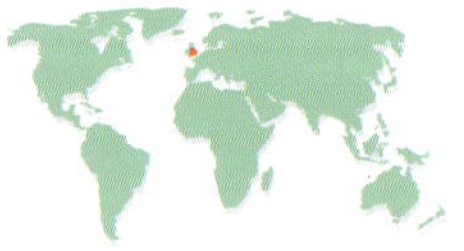

分　類： 小型から中型の獣脚類
全　長： 4～5m（鼻から尾まで）

特　徴： 軽い造りの獣脚類で、やせ型のきゃしゃな体に比べて、不釣り合いなほど大きくて厚みのある頭を持つ。この奇妙な特徴が、エオティラヌスの生態を解明するカギになる。独特の頭は、類縁関係を知る手がかりにもなる。なぜならエオティラヌスは、その後、ティラノサウルスやタルボサウルスといった巨大恐竜を生じるグループの、知られているかぎり最古のメンバーであるからだ。頭や脚の皮膚がむきだしになっているところは金色で、そこから離れるとだんだん灰色に変わる。胴体と首は繊維状の羽毛でおおわれ、たいていは、白か黄色の地に茶色もしくは黒のまだら模様がついたヒョウ柄になっている。産卵数は1回につき5、6個で、必ずオスかメスのどちらかにかたよっている。子供はいっしょに育てられ、独身の若者は交配相手が見つかるまで兄弟で群れを作って過ごす。子供は羽毛でびっしりおおわれ、大きなイラストに描かれている亜成体のように、腕のふちにはすじの長い大羽が生えている。よほど年老いたものをのぞいて、みな羽毛をまとっている。ティラノサウルス類の進化をながめると、羽毛がだんだん減る傾向があり、白亜紀後期の大型ティラノサウルス類では、赤ん坊にしか羽毛が見られなくなる。この流れを逆にたどり、ティラノサウルス類は、羽毛を全身にまとって一生を過ごす動物、つまり初期の鳥類から生じたと推測する者もいる。

習性と生息地： きわめて高い知能を持ち、獲物を追いかけて襲う捕食者。集団を作り、白亜紀中ほどのヨーロッパに見られるヒプシロフォドンや、イグアノドンなどの鳥脚類の群れにくっついて生活している。ヒプシロフォドンといっしょにいると、得をすることがほかにもある。鳥脚類の第二次性徴に必要な共生藻類が、エオティラヌスでも同じ役目をはたしているのだ。捕食者のエオティラヌスが藻類に感染するには、感染者であるヒプシロフォドンを生きたまま食べる以外に方法はない。なかでもふさわしいのは成熟した荒々しいオスだ。藻類が体内にいったん入ると、エオティラヌスの成長パターンが変わり、頭の厚みが増し、サイズも大きくなる。大きな頭はオスとメスの両方から好まれるので、大きなヒプシロフォドンのオスをうまくつかまえる能力とたまたま結びついていたこの特徴は、どんどん広がっていく。白亜紀後期のティラノサウルス類は、やはり大きな頭を持っているが、こうした共生には頼っていない。ティラノサウルス類が長い年月をかけて進化するうちに——白亜紀の中ほどから後期のあいだに——あとからあらわれたティラノサウルス類の大きなゲノムに、藻類のゲノムが遺伝子移入を起こしたのかもしれない。これも、現在進行中のティラノサウルス・レックスのゲノム解読プロジェクト（TREGPO）が、解明しようとしている興味深い問題の1つだ。

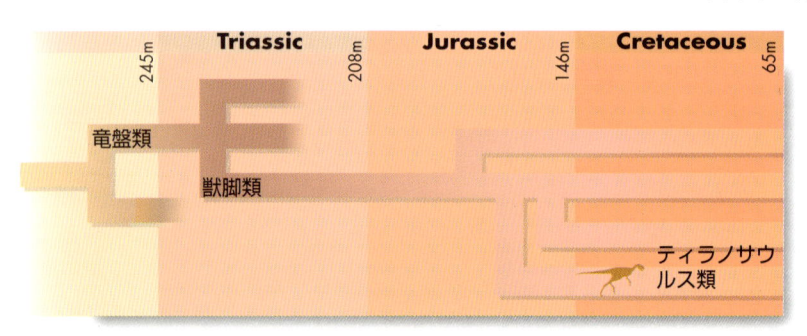

おとなのエオティラヌスの頭。厚みがあり、角張った形をしている横顔に注目。

子供のエオティラヌスの頭。

ティラノサウルス類は種類が幅広く、1.ティラノサウルス・レックス、2.ダスプレトサウルス、3.アリオラムス、4.ナノティラヌス、5.エオティラヌスなどが含まれる。

エオティラヌスの前足。前腕に長い飾り羽がついている。

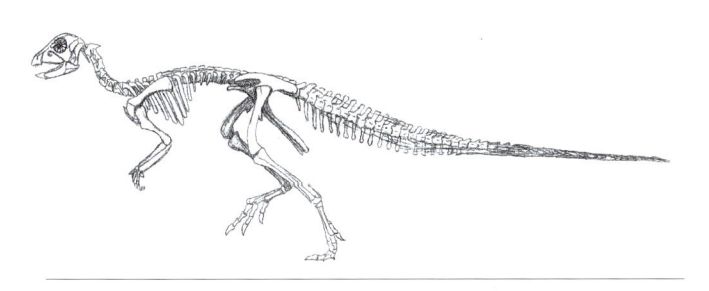

ヨーロッパ | 85

ヒプシロフォドン
Hypsilophodon
[高い隆起のある歯]

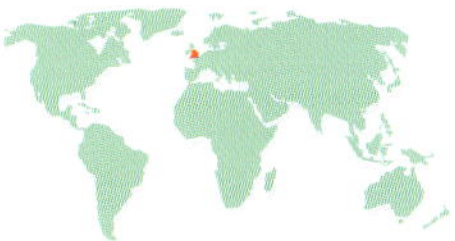

分　類： 小型鳥脚類
全　長： 1.5〜2.3 m（鼻から尾まで）

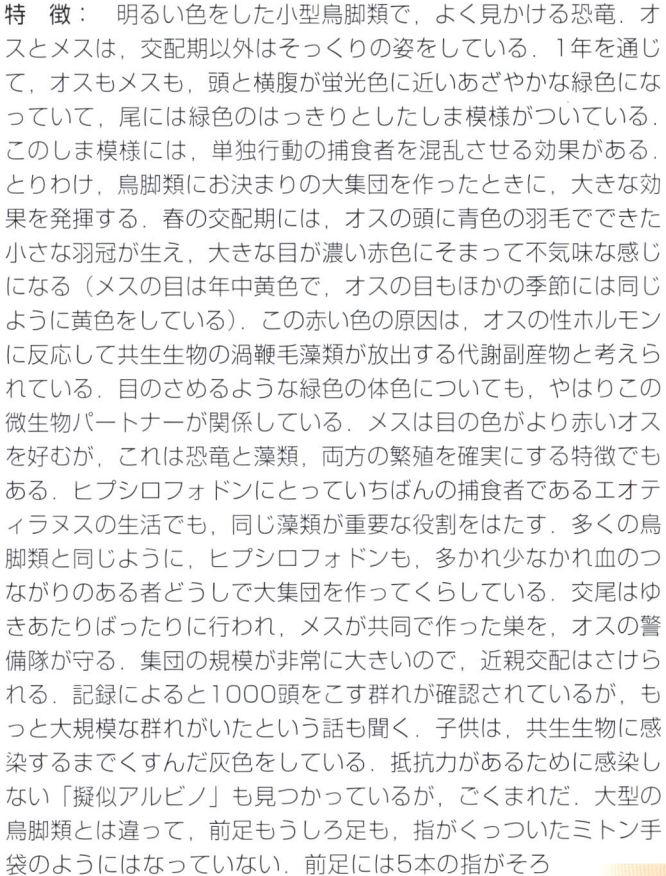

特　徴： 明るい色をした小型鳥脚類で，よく見かける恐竜．オスとメスは，交配期以外はそっくりの姿をしている．1年を通じて，オスもメスも，頭と横腹が蛍光色に近いあざやかな緑色になっていて，尾には緑色のはっきりとしたしま模様がついている．このしま模様には，単独行動の捕食者を混乱させる効果がある．とりわけ，鳥脚類にお決まりの大集団を作ったときに，大きな効果を発揮する．春の交配期には，オスの頭に青色の羽毛でできた小さな羽冠が生え，大きな目が濃い赤色にそまって不気味な感じになる（メスの目は年中黄色で，オスの目もほかの季節には同じように黄色をしている）．この赤い色の原因は，オスの性ホルモンに反応して共生生物の渦鞭毛藻類が放出する代謝副産物と考えられている．目のさめるような緑色の体色についても，やはりこの微生物パートナーが関係している．メスは目の色がより赤いオスを好むが，これは恐竜と藻類，両方の繁殖を確実にする特徴でもある．ヒプシロフォドンにとっていちばんの捕食者であるエオティラヌスの生活でも，同じ藻類が重要な役割をはたす．多くの鳥脚類と同じように，ヒプシロフォドンも，多かれ少なかれ血のつながりのある者どうしで大集団を作ってくらしている．交尾はゆきあたりばったりに行われ，メスが共同で作った巣を，オスの警備隊が守る．集団の規模が非常に大きいので，近親交配はさけられる．記録によると1000頭をこす群れが確認されているが，もっと大規模な群れがいたという話も聞く．子供は，共生生物に感染するまでくすんだ灰色をしている．抵抗力があるために感染しない「擬似アルビノ」も見つかっているが，ごくまれだ．大型の鳥脚類とは違って，前足もうしろ足も，指がくっついたミトン手袋のようにはなっていない．前足には5本の指がそろっているが，第4指と第5指は短い．うしろ足にはかぎ爪のついた指が4本ある．

上　バリオニクスの攻撃から逃げる，ヒプシロフォドンの集団．逃げ方はでたらめではなく，大混乱を招くように「演出」されている．ヒプシロフォドンの群知能がここにあらわれている．
左　クチバシの歯を見せ，威嚇のポーズをとるオスのヒプシロフォドン．

習性と生息地： 適応力がある恐竜で，低いところにある湿地の森林から，乾燥した高地まで，ほとんどどこでも生きていけるが，好んですむのは木がまばらに生えた平原や丘の斜面だ．小型なので，木のなかをねぐらにすることもでき，ときには大勢でねどこに使っている場合もある．白亜紀の「ヤギ」ともいえるこの恐竜は，どんな種類の食べ物でもたいていえさにでき，突きでた歯とするどいクチバシでかみちぎる．ヒプシロフォドンには，何人かの自然観察者から報告がなされている，不可解な特徴がある．1頭ずつの知能はごく普通なのに（しかも，同じくらいの体格の獣脚類であるドロマエオサウルス類に比べるとたぶん低いのに），大勢が集まったときの群知能は並はずれているのだ．これは，危険がせまっているときや，同種の恐竜や獲物の存在に気づいたときに，電光石火のごとくに協調して反応するところにはっきりあらわれている．

頭を横から見たところ．

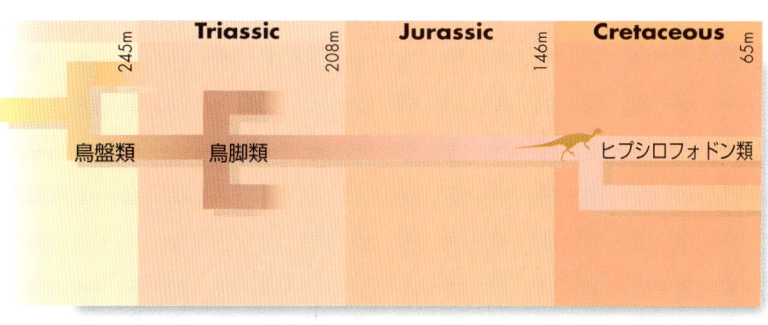

次ページ： ヒプシロフォドンの群れに突然襲いかかるエオティラヌス．

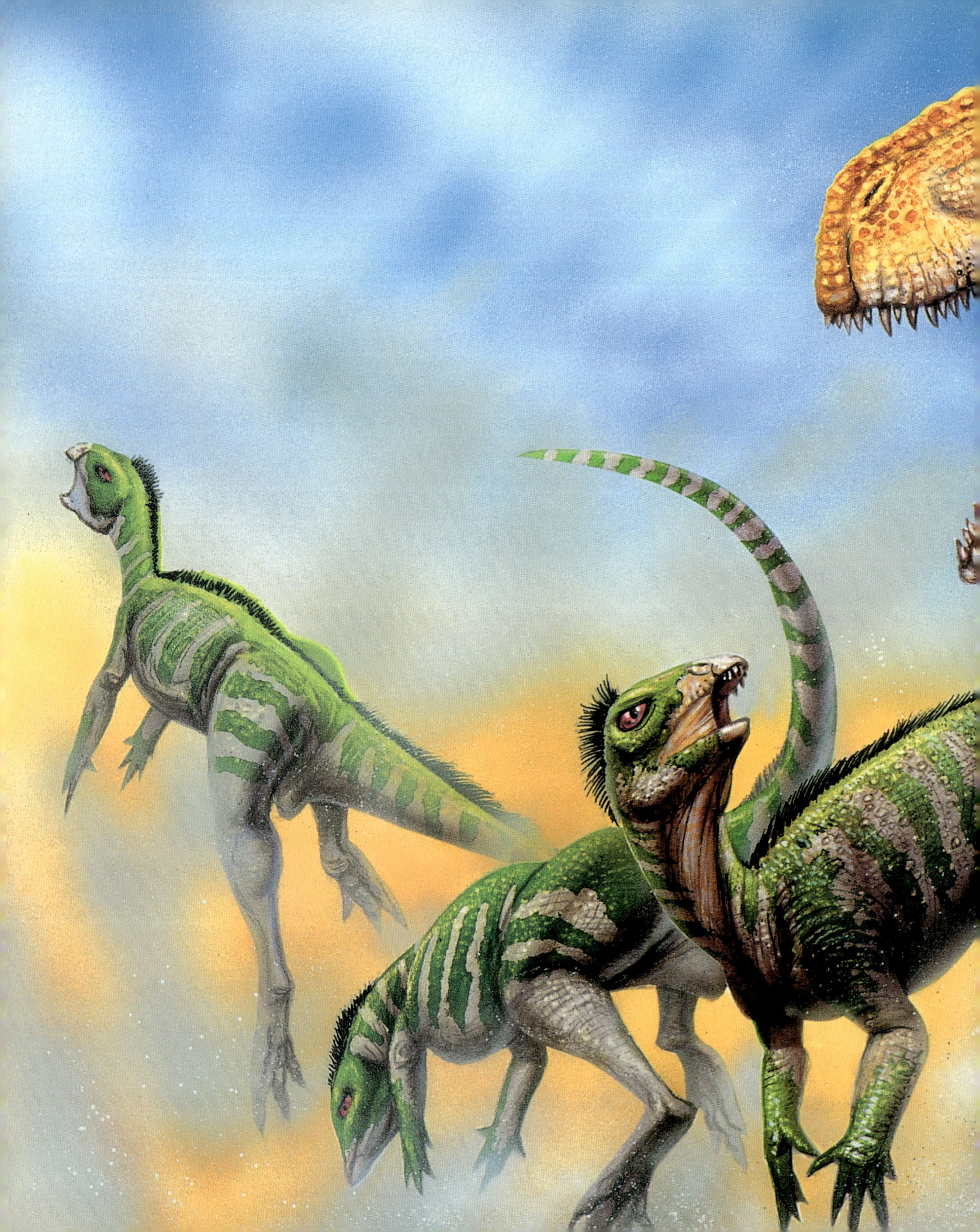

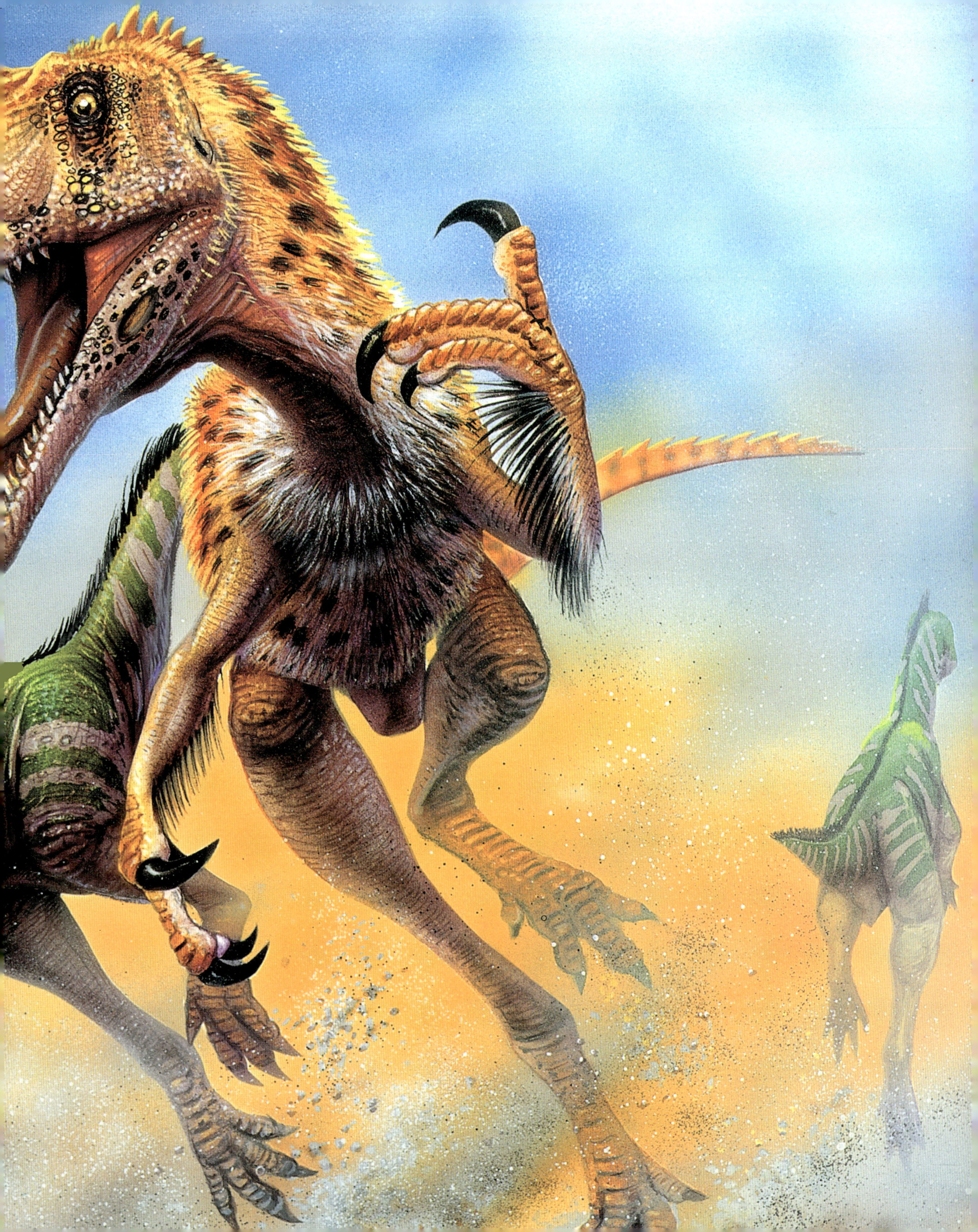

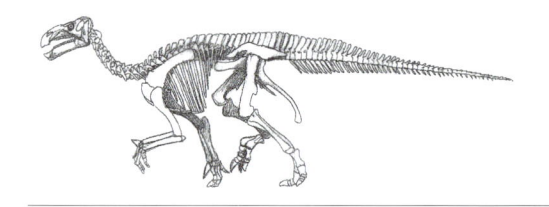

88 | 白亜紀前期からその中ほど

イグアノドン　*Iguanodon*
[イグアナの歯]

分　類： 大型鳥脚類
体　長： 6～10ｍ（鼻から尾まで）

特　徴： この大型鳥脚類は，体の上の部分が黒に近い灰色で，横腹から下腹部へ向かってクリーム色がかった白色に変化している．また，色あざやかなトサカとのど袋がある．ここに描かれているイグアノドン・マンテリでは，トサカとのど袋が明るい赤色をしている．親指についている独特の大きなスパイクと，青灰色をしためだつ角質のクチバシに注目してほしい．ほとんどの鳥脚類と同じように，イグアノドンも集団を作る習性が強く，必ず大きな群れで生活している．群れに含まれる個体の数は数百頭で，ときには2000頭にも達することがある．大きな群れを作れば，エオティラヌスやデイノニクスといったハンターから身を守ることができる．求愛ディスプレイは騒々しくて激しい．オスはのど袋をふくらませ，ほえ声をあげて，ぶつかりあい，ときとして凶器にもなる親指のスパイクで切りつける．オスはできるかぎり多くのメスと交尾し，メスたちは共同の集団繁殖地でたくさんの卵を温める．しかし，卵の父親になる可能性がだれにでもあるわけではなく，異なるオスの精子が，メスの生殖管のなかで卵に近づこうと先を争う．「精子の競争」として知られるこの現象から，異常な結果がもたらされたのかもしれない．実は，一部の精子はメスにとってきわめて高い毒性を持っているのだ．この影響はイグアノドンの生活史のパターンにあらわれている．恵まれたオスは5年で性的成熟に達し，60年から70年のあいだ生きることができる．しかし，メスはその半分以下の寿命しか生きられない．ただし，皮肉なことに，短命なメスほどたくさんの卵を産む．

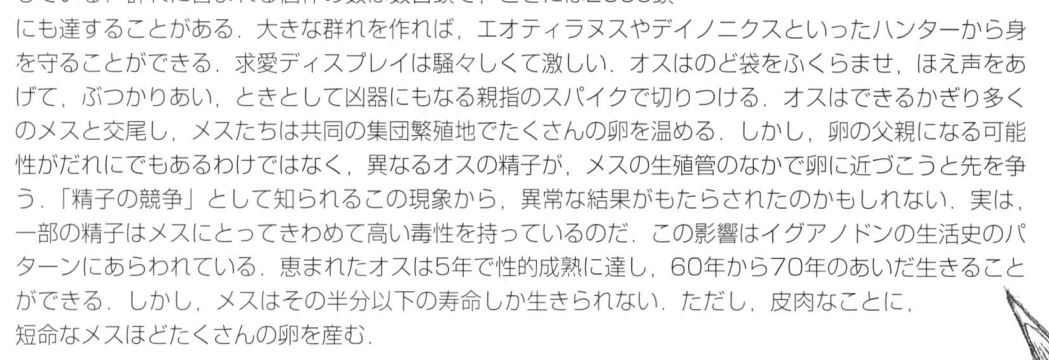

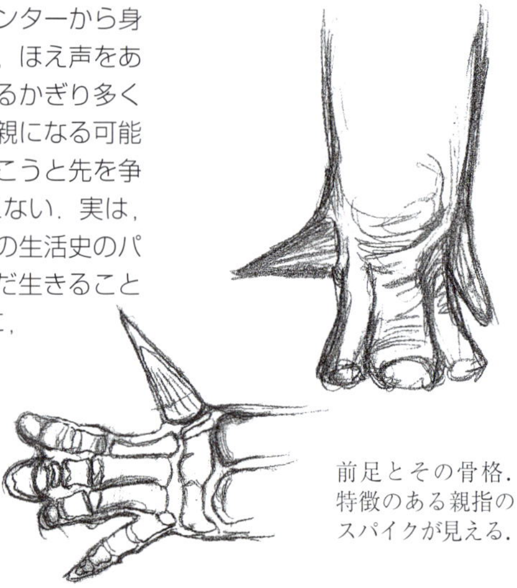

習性と生息地： イグアノドンはいわば白亜紀のT型フォード車で，ほどほどに木が茂った森から，さえぎるもののない平原まで，広い範囲に分布し，属としての生息時期も長い期間におよんでいる．だから，ヨーロッパや北アメリカの白亜紀前期から中ほどに行けば，これまで記録されている27種のうち，少なくとも1種，あるいはそれ以上目撃できると思っていい．イグアノドン・マンテリは，この属に特有の食べ物をえさにしている．かたくて繊維の多い植物をそ嚢のなかで細かくつぶし，反芻動物の胃に似た複雑な胃のなかで細菌の力を利用して消化するのだ．このほかにも，小さな動物や死肉，卵，赤ん坊などを食べるが，そのなかには同じ種も含まれている．

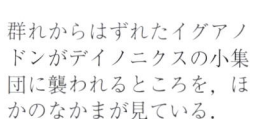

子供のイグアノドンの頭．

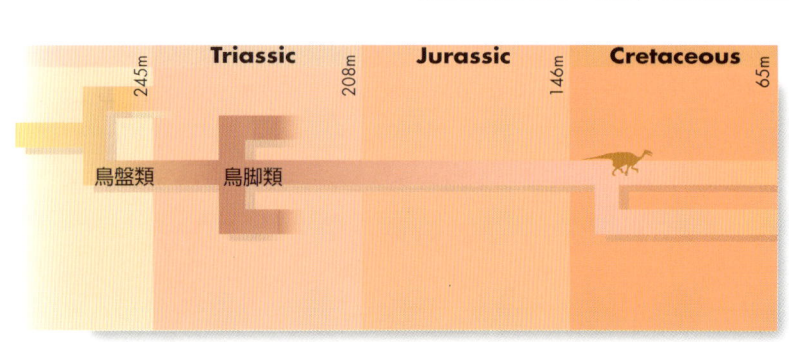

前足とその骨格．特徴のある親指のスパイクが見える．

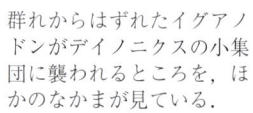

群れからはずれたイグアノドンがデイノニクスの小集団に襲われるところを，ほかのなかまが見ている．

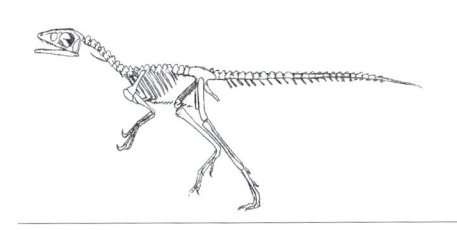

ヨーロッパ | 89

スキピオニクス　*Scipionyx*
［スキピオの爪］

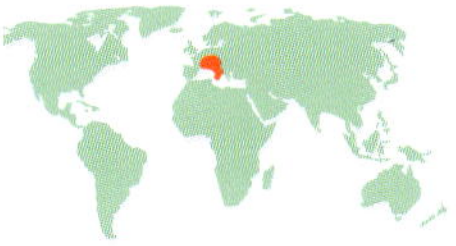

分　類：　小型獣脚類
全　長：　1〜1.5m（鼻から尾まで）

特　徴：　小型獣脚類は種類が多く，中生代全体にわたっていたるところに分布しているが，こうした小型獣脚類によくあるように，スキピオニクス・サムニティクス（この属で唯一のメンバー）は，白亜紀中ほどのかぎられた期間の，イタリアに集中して見られる．たぶん恐竜のなかでもめずらしい例だが，もっぱら単為生殖に頼っている．つまり，メスがオスの力を借りずに繁殖するのだ．オスはまだ見つかっていないが，おとな（おとなのメス）はくすんだ赤茶色で，首と胴体に，はん点のある羽毛がまばらに生えている．しかし，吻部は金色で，深紅色の大きな目に対して，色の違いがきわだつ．おとなは，アシが生い茂ってぬかるんだ川べりの土手に，小さくまとまって巣を作る．巣作りは1年中行われ，それぞれのメスがきっかり8個の卵を産む．卵はたった5日でかえる．これはどの恐竜もしのぐ最短記録だ．子供は1個の卵が分裂してできた8つ子で，しかも母親とまったく同じ遺伝子を持つ．赤ん坊はこはく色の大きな目に，明るい赤色の頭，金色のクチバシを持ち，体にはまだら模様の羽毛がびっしり生えている．また赤ん坊は早成性で，生まれて数時間もすると自力で動きまわり，獲物をつかまえることができる．ただし，大きなイラストに描かれているように，1日か2日は，母親（そして集団内のほかのメス）が小さな獲物を運んでくる．子供はあっというまに成長し，生まれて1週間で子孫を残せるようになるが，2か月以上生きることはめったにない．おとなでも体が小さいうえに，目が大きいといった特徴を考えあわせると，幼形進化，つまり子供の状態のまま性的に成熟する性質を持つと推測される．もちろん，それによって，この奇妙な恐竜の極度に速いライフサイクルがさらに加速される．

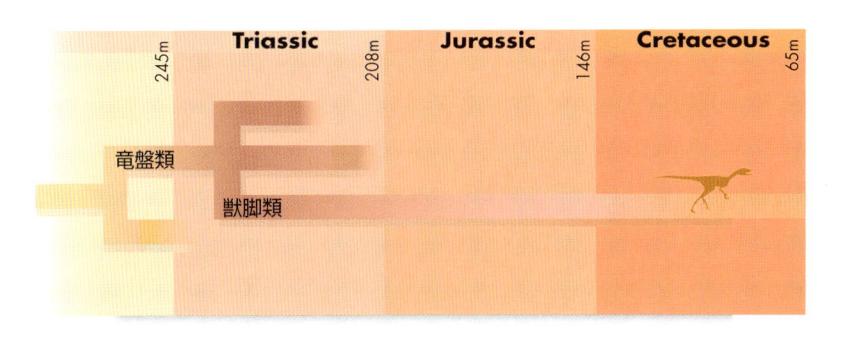

習性と生息地：　水辺の木が密生したところからまばらに生えたところにすみ，特に，川の湾曲部や浅い湖で，カエルの卵や昆虫の幼虫など命の短い獲物，それに魚類や小型哺乳類，いろいろな死肉や有機堆積物などがたっぷりある場所を好む．大きな恐竜の死体を見つけて，そばに巣を作り繁殖することもある．そうすれば，自分も子供も死体の肉や，死骸にたかる昆虫の幼虫を食べることができるからだ．このような長持ちしないえさにばかり頼っているので，単為生殖に拍車がかかったのだろう．豊かだが短期間しかもたない食糧源を，種が活用するには効率のよい手段であるからだ．メス1頭は，1か月半で4000匹以上の子供を生みだす能力を持つが，その大半は襲われて命を落とす．単為生殖の種は遺伝子の突然変異が積み重なるとすぐさま影響を受ける．この恐竜のめずらしい性質や，生息期間や生息地がかなりかぎられていることも，そこから説明できる．

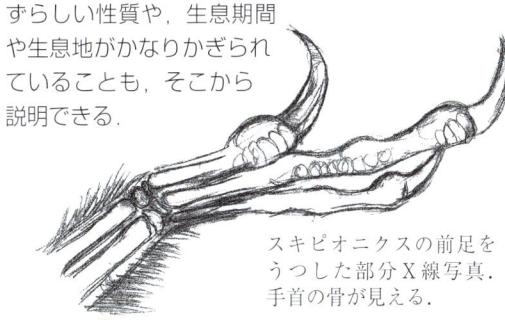

子供の頭．首からうなじにかけて柔毛が生えている．

卵からかえって1時間もたたないうちに死んだ赤ん坊．

スキピオニクスの前足をうつした部分X線写真．手首の骨が見える．

90 　白亜紀前期からその中ほど

	Triassic	Jurassic	Cretaceous
245m	208m	146m	65m

竜盤類

獣脚類

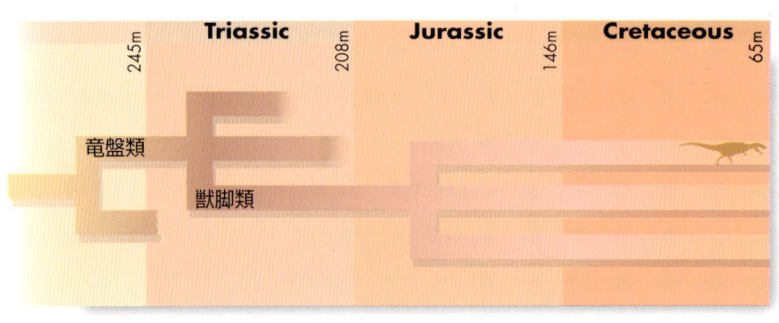

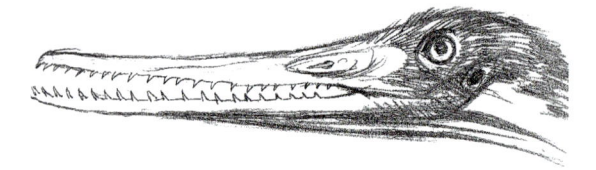

カルカロドントサウルスの巣や狩り場の近くによくあらわれる，やっかい者の翼竜類オルニトケイルスの頭．

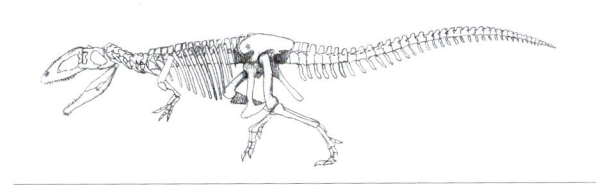

カルカロドントサウルス
Carcharodontosaurus
［ホオジロザメのトカゲ］

分　類：　大型獣脚類
全　長：　8〜14ｍ（鼻から尾まで）
特　徴：　これまで地球上にあらわれたなかで最大級の捕食者の1つ．アロサウルスや，南アメリカの獣脚類ギガノトサウルスと近い関係にある．巨大で厚みのある体に大きな頭を持つこの恐竜は，ティラノサウルス類を思わせるが，腕や前足がもっと大きく，指が3本ついているところから，簡単に見分けられる．オスとメスはそっくりで，頭と横腹，尾が緑色をおび，体の下面のほうは赤くなっている．頭と目のまわりにごてごてとした装甲がある．オスとメスは同じつがいで一生くらし，1年に2，3個ずつ卵を産む．父親と母親は協力しあって抱卵や子育てを行い，狩りの技術を子供に教える．子供は緑がかった茶色にまだら模様がついた，「カムフラージュ」用の綿羽にしっかりおおわれているが，数週間もすると羽毛は抜け落ちる．

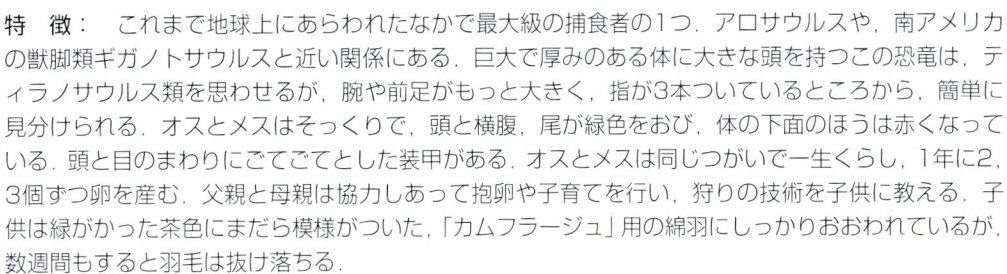

習性と生息地：　生息域は低いところにある湿地や，木がまばらに生えた緑地から，半砂漠の低木林まで広がっている．カルカロドントサウルスはカメ類やワニ類，オウラノサウルスのような鳥脚類，エジプトサウルス（前ページの絵）やパラリティタンなど，小型から中型の竜脚類をつかまえて食べる．ここがギガノトサウルスと違う点だ．ギガノトサウルスはきわめて大型の竜脚類をつかまえる習性があるので，集団で狩りを行う生き方をする．

カルカロドントサウルスが好んで襲う獲物，竜脚類パラリティタンの頭．

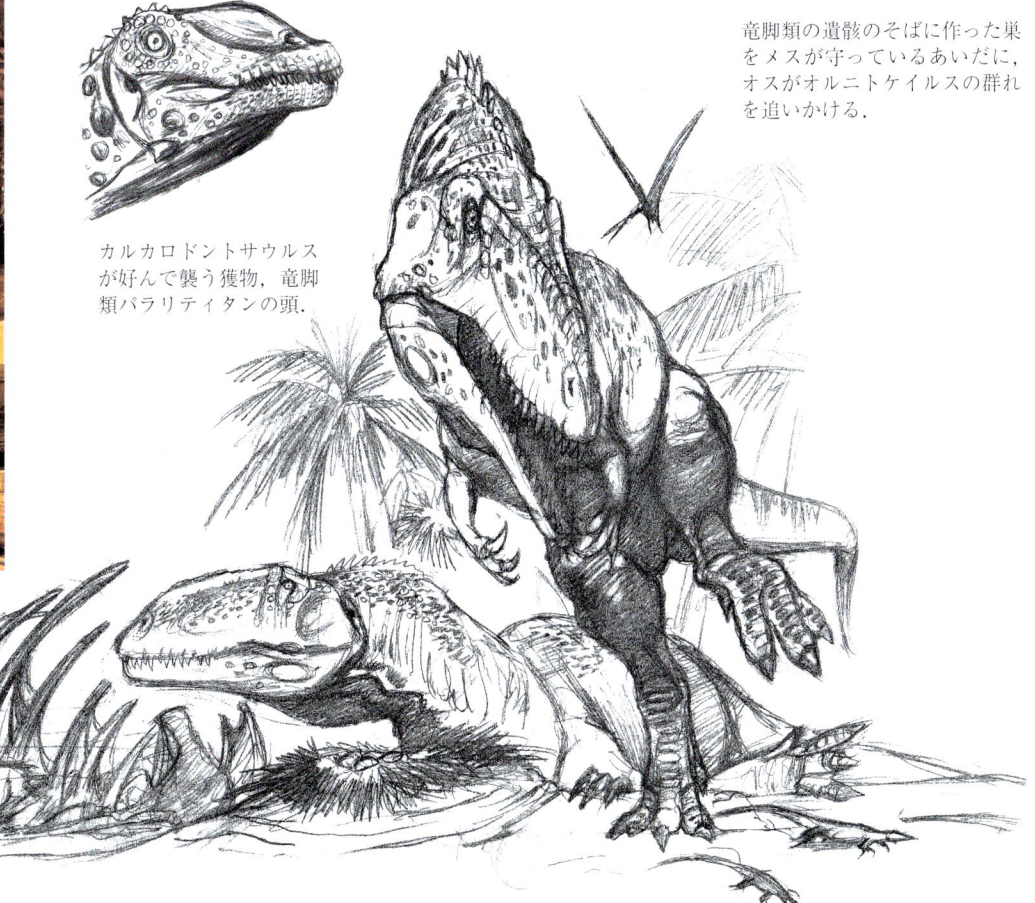

竜脚類の遺骸のそばに作った巣をメスが守っているあいだに，オスがオルニトケイルスの群れを追いかける．

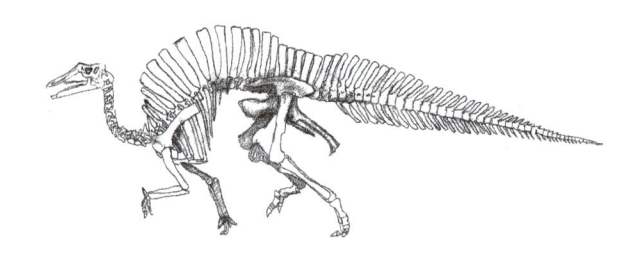

オウラノサウルス　*Ouranosaurus*
[勇敢なトカゲ]

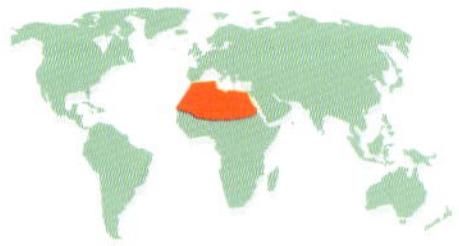

分　類：　背中に帆を持つ鳥脚類
全　長：　6～8m（鼻から尾まで）

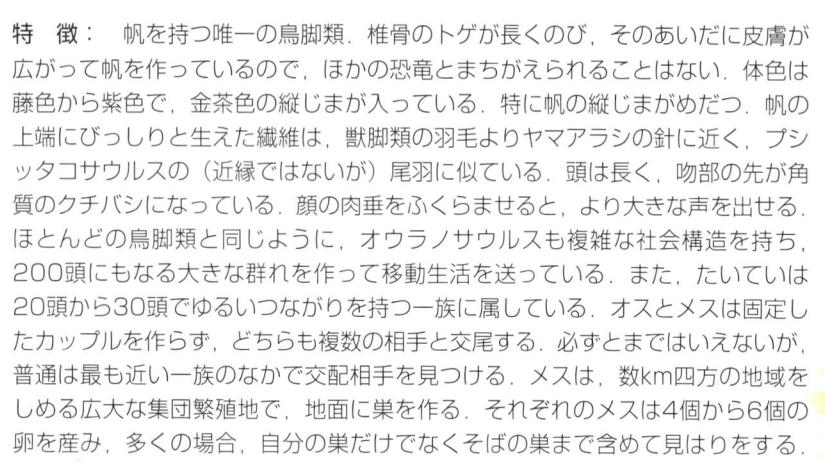

特　徴：　帆を持つ唯一の鳥脚類．椎骨のトゲが長くのび，そのあいだに皮膚が広がって帆を作っているので，ほかの恐竜とまちがえられることはない．体色は藤色から紫色で，金茶色の縦じまが入っている．特に帆の縦じまがめだつ．帆の上端にびっしりと生えた繊維は，獣脚類の羽毛よりヤマアラシの針に近く，プシッタコサウルスの（近縁ではないが）尾羽に似ている．頭は長く，吻部の先が角質のクチバシになっている．顔の肉垂をふくらませると，より大きな声を出せる．ほとんどの鳥脚類と同じように，オウラノサウルスも複雑な社会構造を持ち，200頭にもなる大きな群れを作って移動生活を送っている．また，たいていは20頭から30頭でゆるいつながりを持つ一族に属している．オスとメスは固定したカップルを作らず，どちらも複数の相手と交尾する．必ずとまではいえないが，普通は最も近い一族のなかで交配相手を見つける．メスは，数km四方の地域をしめる広大な集団繁殖地で，地面に巣を作る．それぞれのメスは4個から6個の卵を産み，多くの場合，自分の巣だけでなくそばの巣まで含めて見はりをする．カルカロドントサウルスのような捕食者から守るには，大勢が集まって数で対抗し，監視することが大事なのだ．

習性と生息地：　雨があまり降らず，背の低い植物がまばらに生えている広々とした低木地にすんでいる．スピノサウルスのものと同じように，オウラノサウルスの帆もおもに体温調節に使われるが，実際より体を大きく見せることができるので，求愛や威嚇のディスプレイにも役立つ．外見はハドロサウルス類に似ているが，オウラノサウルスはイグアノドンのような鳥脚類のほうに近い．歯は密生しているのではなく，1列に並んでいるので，ものをすりつぶすより，かみ切るのに適している．この恐竜は若くてやわらかい植物を好んで食べるが，栄養の大半は地中から得られたものだ．するどい嗅覚を使って，地中の無脊椎動物や菌類，やわらかい根を探しだし，クチバシと親指のスパイクで掘り出すのだ．そのほかにも，小さな哺乳類や，巣ごもりをしている鳥類，翼竜類，卵などにも手を出し，土を大量に食べて，筋胃のなかでさまざまな食べ物をすりつぶすのに利用すると同時に，ミネラル分を補給する．

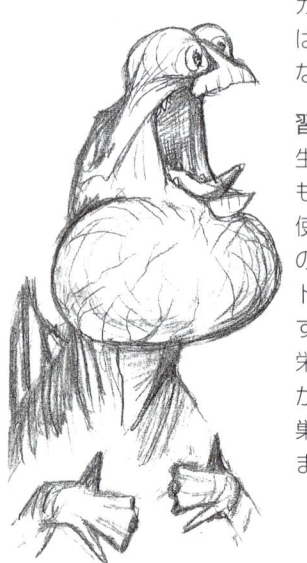

鼻とのどの袋をいっぱいにふくらませて，騒々しいディスプレイを見せるオウラノサウルス．

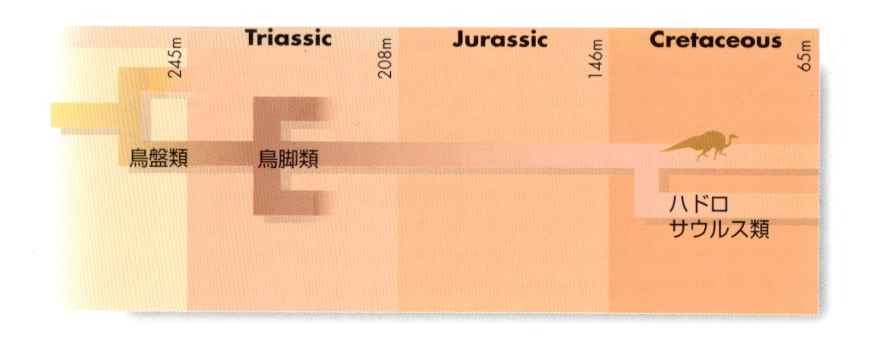

地質学関連書〈新刊・好評既刊〉ご案内

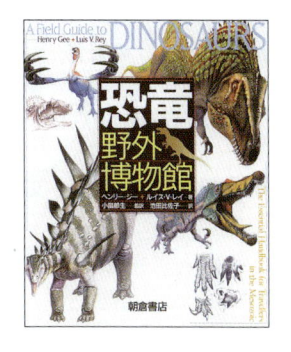

恐竜野外博物館

小畠郁生 監訳／池田比佐子 訳
A4変型判 144頁 定価3,990円（本体3,800円） ISBN 4-254-16252-9 C3044

現生の動物のように生き生きとした形で復元された仮想的観察ガイドブック。
〔目次〕三畳紀（コエロフィシス他）／ジュラ紀（マメンチサウルス他）／白亜紀前・中期（ミクロラプトル他）／白亜紀後期（トリケラトプス，ヴェロキラプトル他）

恐竜大百科事典

J.O.ファーロウ・M.K.ブレット-サーマン 編／小畠郁生 監訳
B5判 648頁 定価25,200円（本体24,000円） ISBN 4-254-16238-3 C3544

恐竜は，あらゆる時代のあらゆる動物の中で最も人気の高い動物となっている．本書は「一般の読者が読むことのできる，一巻本で最も権威のある恐竜学の本をつくること」を目的として，専門の恐竜研究者47名の手によって執筆された．最先端の恐竜研究の紹介から，テレビや映画などで描かれる恐竜に至るまで，恐竜に関するあらゆるテーマを，多数の図版をまじえて網羅した百科事典．〔内容〕恐竜の発見／恐竜の研究／恐竜の分類／恐竜の生態／恐竜の進化／恐竜とマスメディア

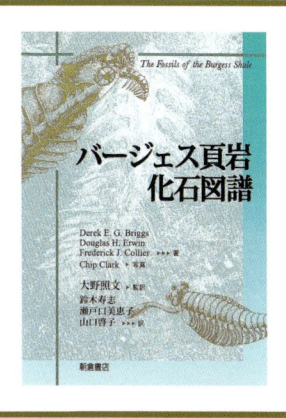

バージェス頁岩 化石図譜

D.E.G.ブリッグスほか 著／大野照文 監訳
A5判 256頁 定価5,670円（本体5,400円） ISBN 4-254-16245-6 C3044

ロッキー山脈のバージェス峠で見つかった奇妙な形の動物化石群は，多種多様な生物がカンブリア紀に爆発的に進化したことを示す古生物学上の大発見であった．本書は，スミソニアン博物館が所蔵する化石のうち主要な約85の写真に復元図をつけて簡潔に説明した，好評の"The Fossils of the Burgess Shale"の翻訳書である．わかりやすい入門書として，また化石の写真集としても楽しめる．グールドの『ワンダフル・ライフ』でも紹介されて人気のアノマロカリスやオパビニア，ハルキゲニア，カナダスピス，オドントグリフィスなどを採録．

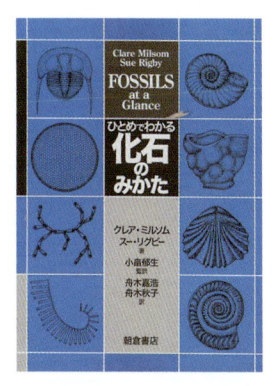

ひとめでわかる 化石のみかた

C.ミルソム・S.リグビー 著／小畠郁生 監訳／舟木嘉浩・舟木秋子 訳
B5判 164頁 定価4,830円（本体4,600円） ISBN 4-254-16251-0 C3044

古生物学の研究上で重要な分類群をとりあげ，その特徴を解説した教科書．
〔目次〕化石の分類と進化／海綿／サンゴ／コケムシ／腕足動物／棘皮動物／三葉虫／軟体動物／筆石／脊椎動物／陸上植物／微化石／生痕化石／先カンブリア代／顕世代

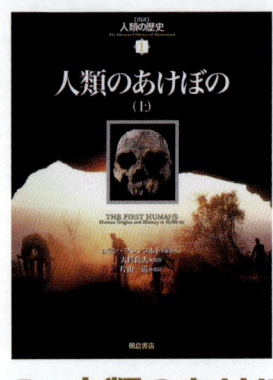

図説 人類の歴史 （全10巻）

G.ブレンフルト 編／大貫良夫 監訳

各A4変型判 144頁

- アメリカ自然史博物館（American Museum of Natural History）の監修，国際的専門家チームの編集による全10巻シリーズ
- 紀元前5万年から今日に至る全世界を壮大なスケールで綴り，各巻250点にのぼる貴重・美麗な写真・図版で描く人類の叙事詩
- 考古学・人類学上の最新の発見と知見をもとに，過去の人類の生活，社会，文化，芸術，宗教を生き生きと再現

1. 人類のあけぼの（上）
片山一道 編訳　定価9,240円（本体8,800円）　ISBN 4-254-53541-4 C3320
〔内容〕人類とは何か？／人類の起源／ホモ・サピエンスへの道／アフリカとヨーロッパの現生人類／芸術の起源／〔トピックス〕オルドワイ峡谷／先史時代の性別の役割／いつ言語は始まったか？／ネアンデルタール人／氷河時代／ビーナス像他

2. 人類のあけぼの（下）
片山一道 編訳　定価9,240円（本体8,800円）　ISBN 4-254-53542-2 C3320
〔内容〕地球各地への全面展開／オーストラリアへの移住／最初の太平洋の人々／新世界の現生人類／最後の可住地／〔トピックス〕マンモスの骨で作った小屋／熱ルミネッセンス年代測定法／移動し続ける動物／誰が最初のアメリカ人だったか？他

3. 石器時代の人々（上）
西秋良宏 編訳　定価9,240円（本体8,800円）　ISBN 4-254-53543-0 C3320
〔内容〕偉大なる変革／アフリカの狩猟採集民と農耕民／ヨーロッパ石器時代の狩猟採集民と農耕民／西ヨーロッパの巨石建造物製作者／青銅器時代の首長制とヨーロッパ石器時代の終焉／〔トピックス〕ナトゥーフ文化／チロルのアイスマン他

4. 石器時代の人々（下）
西秋良宏 編訳　定価9,240円（本体8,800円）　ISBN 4-254-53544-9 C3320
〔内容〕南・東アジア石器時代の農耕民／太平洋の探検者たち／新世界の農耕民／なぜ農耕は一部の地域でしか採用されなかったのか／オーストラリアー異なった大陸／〔トピックス〕良渚文化における新石器時代の玉器／セルウィン山脈の考古学他

5. 旧世界の文明（上）
西秋良宏 編訳　定価9,240円（本体8,800円）　ISBN 4-254-53545-7 C3320
〔内容〕メソポタミア文明と最古の都市／古代エジプトの文明／南アジア文明／東南アジアの諸文明／中国王朝／〔トピックス〕最古の文字／ウルの王墓／太陽神ラーの息子／シギリヤ王宮／東南アジアの巨石記念物／秦の始皇帝陵／シルクロード他

6. 旧世界の文明（下）
西秋良宏 編訳　定価9,240円（本体8,800円）　ISBN 4-254-53546-5 C3320
〔内容〕地中海文明の誕生／古代ギリシャ時代／ローマの盛衰／ヨーロッパの石器時代／アフリカ国家の発達／〔トピックス〕クノッソスのミノア神殿／古代ギリシャの壺彩色／カトーの農業機械／アングロサクソン時代のイングランド地方集落他

7. 新世界の文明（上）—南北アメリカ・太平洋・日本—
大貫良夫 編訳　定価9,660円（本体9,200円）　ISBN 4-254-53547-3 C3320
〔内容〕メソアメリカにおける文明の出現／マヤ／アステカ帝国の誕生／アンデスの諸文明／インカ族の国家／〔トピックス〕マヤ文字／ボナンパクの壁画／メンドーサ絵文書／モチェの工芸品／ナスカの地上絵／チャン・チャン／インカの織物他

8. 新世界の文明（下）—南北アメリカ・太平洋・日本—
大貫良夫 編訳　定価9,660円（本体9,200円）　ISBN 4-254-53548-1 C3320
〔内容〕日本の発展／南太平洋の島々の開拓／南太平洋の石造記念物／アメリカ先住民の歴史／文化の衝突／〔トピックス〕律令国家と伊豆のカツオ／草戸千軒／ポリネシア式遠洋航海カヌー／イースター島／平原インディアン／伝染病の拡大他

続刊

9. 先住民の現在（上）
大貫良夫 編訳　ISBN 4-254-53549-X C3320

10. 先住民の現在（下）
大貫良夫 編訳　ISBN 4-254-53550-3 C3320

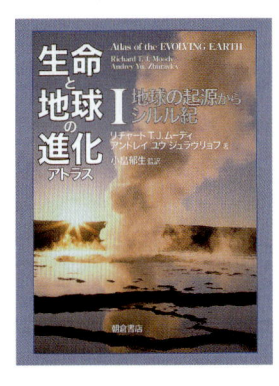

生命と地球の進化アトラスⅠ～Ⅲ（全3巻）

小畠郁生 監訳
各A4変型判 148頁 定価9,240円（本体8,800円）

- 魅力的なイラストや写真をオールカラーで多数掲載していて，生物学や地学の予備知識がなくても理解できます．
- 年代順の構成で，各章冒頭にキーワード，年表，大陸分布図，さらに章末にはその時代に特徴的な生物の系統図を記載しているので，地球の歴史の流れが自然に把握できます．
- 各巻に全3巻共通の用語解説・索引を掲載しました．

Ⅰ．地球の起源からシルル紀
R.T.J.ムーディ・A.Yu.ジュラヴリョフ 著　ISBN 4-254-16242-1 C3044

第Ⅰ巻ではプレートテクトニクスや化石などの基本概念を解説し，地球と生命の誕生から，カンブリア紀の爆発的進化を経て，シルル紀までを扱う．〔内容〕地球の起源／生命の起源／始生代／原生代／カンブリア紀／オルドビス紀／シルル紀

Ⅱ．デボン紀から白亜紀
D.ディクソン 著　ISBN 4-254-16243-X C3044

第Ⅱ巻では，魚類，両生類，昆虫，哺乳類的爬虫類，爬虫類，アンモナイト，恐竜，被子植物，鳥類の進化などのテーマをまじえながら白亜紀までを概観する．〔内容〕デボン紀／石灰紀前期／石灰紀後期／ペルム紀／三畳紀／ジュラ紀／白亜紀

Ⅲ．第三紀から現代
I.ジェンキンス 著　ISBN 4-254-16244-8 C3044

第Ⅲ巻では，哺乳類，食肉類，有蹄類，霊長類，人類の進化，および地球温暖化，現代における種の絶滅などの地球環境問題をとりあげ，新生代を振り返りつつ，生命と地球の未来を展望する．〔内容〕古第三紀／新第三紀／更新世／完新世

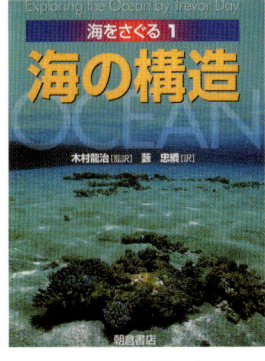

海をさぐる（全3巻）

T.デイ 著
各A4判 定価4,095円（本体3,900円）

本シリーズでは，地球上でとても重要だけれどもあまり知られていない海の魅力を，海底の移動からエル・ニーニョ現象といったそのメカニズム，熱水噴出孔に生息する不思議な生物チューブワームからイルカやクジラまでの大小の動植物，帆船による航海や海底油田の掘削といった海を舞台にした人間の営みとその歴史，などの側面から225枚以上の写真・図表・地図を掲載しながら紹介する．

1．海の構造
木村龍治 監訳／藪　忠綱 訳　96頁　ISBN 4-254-10611-4 C3340

"The Physical Ocean"の翻訳．海の構造について、科学的かつ平易にカラーで解説した入門書．〔内容〕海洋の構造／青い惑星／海洋の誕生／姿を変える海洋／地球規模のジグソーパズル／海洋の解剖／珊瑚礁／海流／他

2．海の生物
太田　秀 監訳／藪　忠綱 訳　84頁　ISBN 4-254-10612-2 C3340

"Life in the Ocean"の翻訳．海の多様な動植物をその生きる環境と共にカラーで紹介．〔内容〕生命の始まり／生物の爆発的増加／食物連鎖／植物・動物プランクトン／魚類／は虫類／海鳥／ほ乳類／深海生物／クジラ／磯の生物／暗黒帯／他

3．海の利用
宮田元靖 監訳／藪　忠綱 訳　84頁　ISBN 4-254-10613-0 C3340

"Uses of the Ocean"の翻訳．利用・開発・探険といった海における人間の営みを歴史と共にカラーで紹介．〔内容〕昔の航海者たち／帆船から蒸気船へ／海洋学の誕生／水中音波探知機と人工衛星／海中養殖／海洋の保全／他

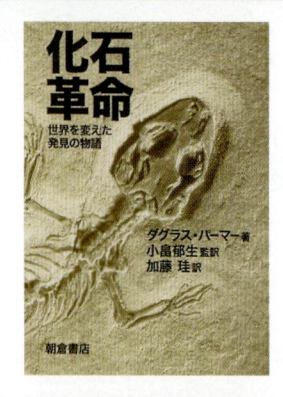

化石革命 ―世界を変えた発見の物語―

D.パーマー 著／小畠郁生 監訳／加藤 珪訳
A5判 232頁 定価3,780円（本体3,600円） ISBN 4-254-16250-2 C3044

化石の発見・研究が自然観や生命観に与えた「革命」的な影響を8つのテーマに沿って記述。〔目次〕初期の発見／絶滅した怪物／アダム以前の人間／地質学の成立／鳥から恐竜へ／地球と生命の誕生／バージェス頁岩と哺乳類／DNAの復元

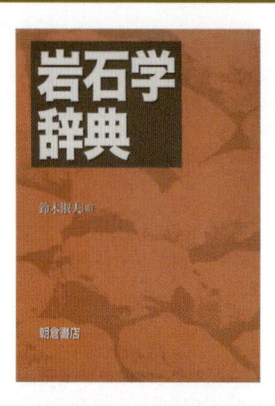

岩石学辞典

鈴木淑夫 著
B5判 900頁 定価39,900円（本体38,000円） ISBN 4-254-16246-4 C3544

岩石の名称・組織・成分・構造・作用など，堆積岩，変成岩，火成岩の関連語彙を集大成した本邦初の辞典。歴史的名称や参考文献を充実させ，資料にあたる際の便宜も図った。〔内容〕一般名称（科学・学説の名称／地殻・岩石圏／コロイド他）／堆積岩（組織・構造／成分の形式／鉱物／セメント，マトリクス他）／変成岩（変成作用の種類／後退変成作用／面構造／ミグマタイト他）／火成岩（岩石の成分／空洞／石基／ガラス／粒状組織他）／参考文献／付録（粘性率測定値／組織図／相図他）

堆積学辞典

堆積学研究会 編
B5判 480頁 定価25,200円（本体24,000円） ISBN 4-254-16034-8 C3544

地質学の基礎分野として発展著しい堆積学に関する基本的事項からシーケンス層序学などの先端的分野にいたるまで重要な用語4000項目について第一線の研究者が解説し，五十音順に配列した最新の実用辞典。収録項目には堆積分野のほか，各種層序学，物性，環境地質，資源地質，水理，海洋水系，海洋地質，生態，プレートテクトニクス，火山噴出物，主要な人名・地層名・学史を含み，重要な術語にはできるだけ参考文献を挙げた。さらに巻末には詳しい索引を付した。

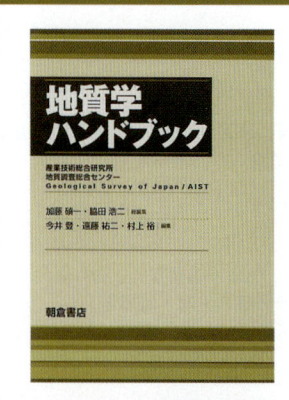

地質学ハンドブック

加藤碩一・脇田浩二 総編集／今井 登・遠藤祐二・村上 裕 編
A5判 712頁 定価24,150円（本体23,000円） ISBN 4-254-16240-5 C3044

地質調査総合センターの総力を結集した実用的なハンドブック。研究手法を解説する基礎編，具体的な調査法を紹介する応用編，資料編の三部構成。〔内容〕〈基礎編：手法〉地質学／地球化学（分析・実験）／地球物理学（リモセン・重力・磁力探査）／〈応用編：調査法〉地質体のマッピング／活断層（認定・トレンチ）／地下資源（鉱物・エネルギー）／地熱資源／地質災害（地震・火山・土砂）／環境地質（調査・地下水）／土木地質（ダム・トンネル・道路）／海洋・湖沼／惑星（隕石・画像解析）／他

朝倉書店
〒162-8707 東京都新宿区新小川町6-29／振替00160-9-8673
電話 03-3260-7631／FAX 03-3260-0180
http://www.asakura.co.jp eigyo@asakura.co.jp

アフリカ | 93

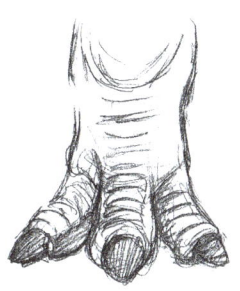

うしろ足(左)と前足に,それぞれの足跡.

捕食者が襲ってくると,オウラノサウルスは群れを作り,どんどん移動していくしま模様で相手を混乱させる.

オスとメスがするどい嗅覚を利用して,たがいの血の近さを探り,交配相手としてふさわしいかどうかを決める.

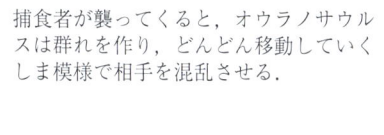

94 | 白亜紀前期からその中ほど

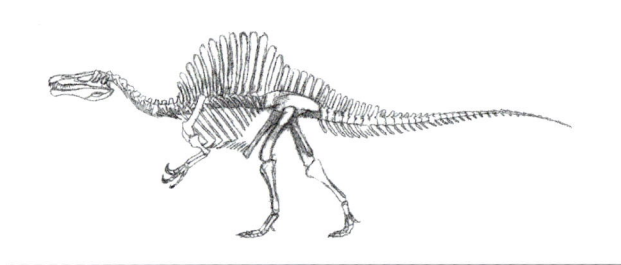

スピノサウルスの頭．大きく開いたあごに，さまざまな種類の歯がたくさん生えている．

スピノサウルス *Spinosaurus*
[トゲのあるトカゲ]

分　類： 背中に帆を持つ，非常に大きな獣脚類
全　長： 11〜20 m（鼻から尾まで）

特　徴： 史上最大級の獣脚類．スピノサウルスはティラノサウルスや，同時代のカルカロドントサウルスより体が長いが，それほどどっしりした体格ではない．背中にめだつ「帆」があるため，大きさがきわだって見える．帆は，椎骨のトゲが2m以上も突きだしたところへ皮膚の膜がはってできたものだ．少し前にあらわれたバリオニクスも含めて，スピノサウルス類はすべて，多くの獣脚類よりも頭が長くて，厚みがあまりなく，クロコダイル類のように吻部が細長い．派手な形に比べて，体の色はくすんだ灰かっ色という地味な色だ．ふだんは単独で行動しているが，春には繁殖の相手を見つけてつがいになり，砂丘に広がる大規模な営巣地で1個から3個の卵を温める．子育てが終わると，家族はそれぞれ別行動をとるようになる．獣脚類はたいていそうだが，子供には羽毛がある．スピノサウルスの子供の綿羽は，淡い黄かっ色から茶色で，危険が近づいたときは，まわりの砂の色にとけこむことができる．

習性と生息地： テーチス海西部や，新たに出現した大西洋の沿岸にある，半乾燥から乾燥性の場所にすんでいる．この地域は温度の変化が激しいので，血管がたくさん走った帆を使って，体温が極端に上下しないように調節している．クリオロフォサウルスのなかまではないが，スピノサウルスも浜辺をうろついてえさを探す．しかし，クリオロフォサウルスとは違って死肉をあさるだけでなく，積極的に狩りを行い，浜辺に打ちあげられた小型の首長竜類や，翼竜類，カメ類，シーラカンス類のような大きい魚類をつかまえる（次ページを参照）．えさを探して浅瀬を歩きまわり，海のなかへかなり入りこんで，長いあごと力強いかぎ爪で獲物をつかまえることもある．

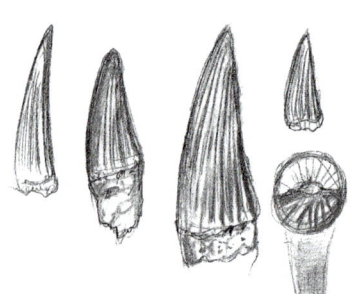

アザラシのように岩の上で休んでいた首長竜類に，いきなり襲いかかるスピノサウルス．

スピノサウルスのいろいろな歯．

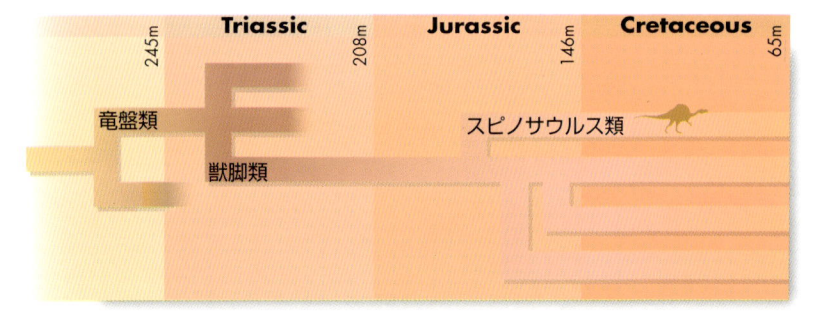

鼻と帆を水面に出して泳ぐスピノサウルス．

シーラカンス．スピノサウルスがよく食べるえさの1つ．

Triassic　245m　　Jurassic　208m　　Cretaceous　146m　　65m
竜盤類
獣脚類
スピノサウルス類

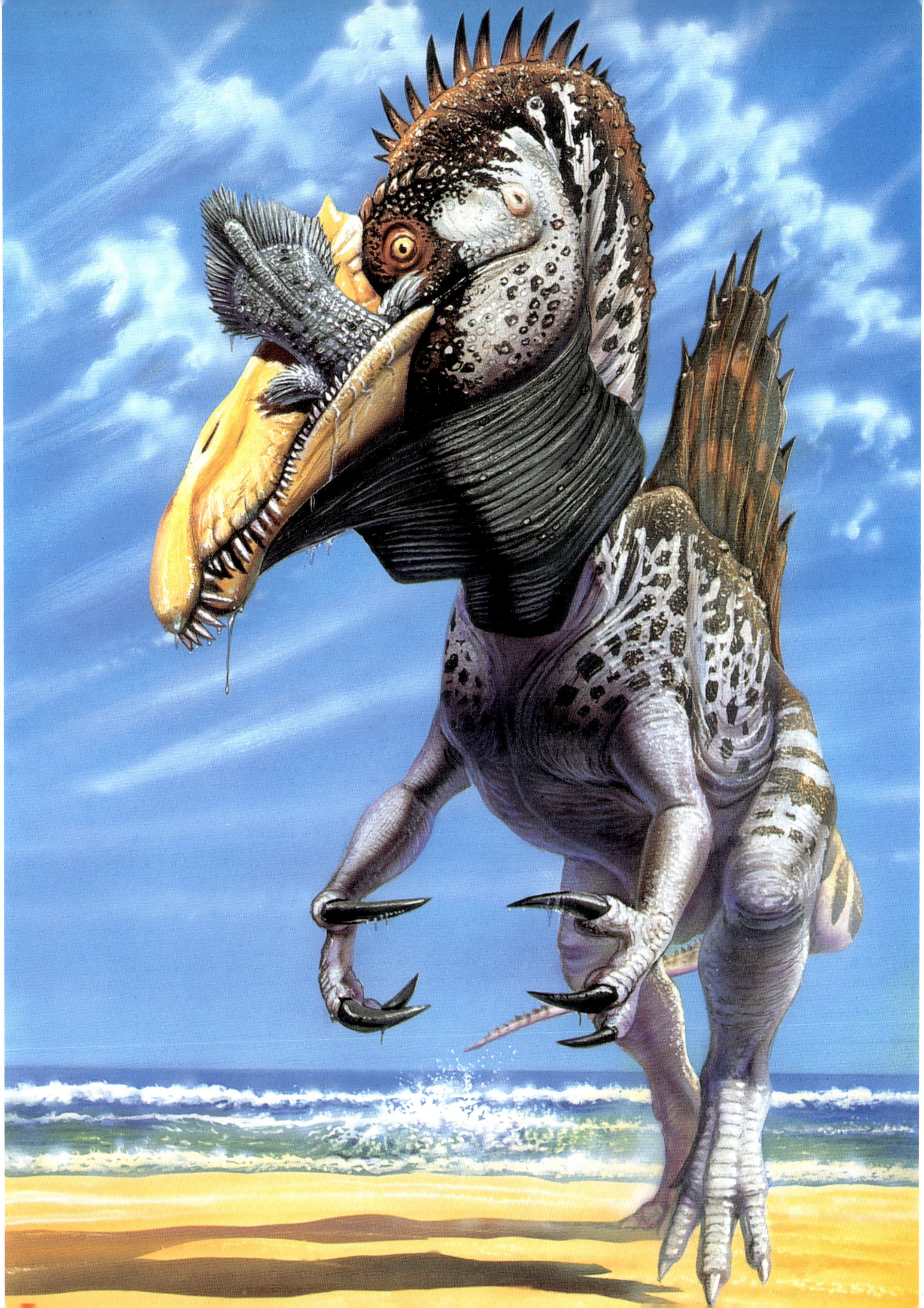

白亜紀前期からその中ほど

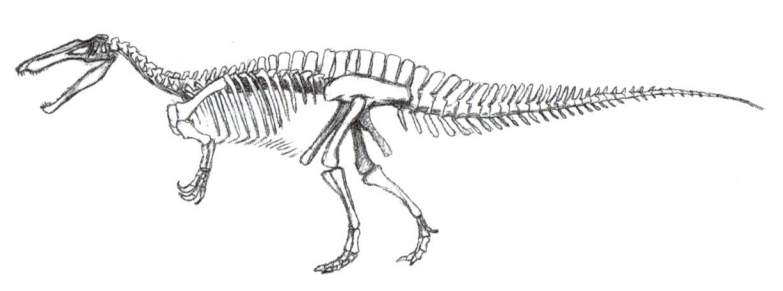

スコミムス　*Suchomimus*
[ワニもどき]

分　類：　海にすむ大型獣脚類
全　長：　10〜15m（鼻から尾まで）

特　徴：　バリオニクスのアフリカ版ともいえる恐竜で，近いなかまだが体はもう少し大きく，水生の度合いがもっと高い．バリオニクスと同じく，クロコダイル類に似た細長いあごを持ち，「魚とりのわな」になる切れこみが鼻先へ向かって並んでいる．しかし，北部にすむなかまよりがっしりしていて，色が暗く，胴体は厚みがあり，皮骨が丈夫だ．皮膚の色は灰色がかった青色から赤みをおびた色で，大きなかぎ爪がついている．また，バリオニクスに比べると社会性がはるかに低く，常に単独で行動している．実際，2頭いっしょにいるところを目撃したという報告はまだない．オスとメスは普通，沖合で出会って交配し，カメ類のように，遠く離れた島の浜辺で産卵すると考えられている．

習性と生息地：　スコミムスはアフリカ北部の浜辺や近くの海にいる．ほとんどの時間を外海で狩りをしながら過ごし，カメ類や翼竜類，魚類をつかまえる．年取ったものは，顔に傷あとがあり，顔や前肢にけがをしているので，モササウルス類や首長竜類と戦ったことがわかるが，どうもうさではどんなスコミムスも大型プリオサウルス類にはかなわない．次ページに描かれているように，浅海での魚とりには危険がともなう．これは，クロコダイルもどきのスコミムスが本物に襲われる場面だ．体長30mのこのクトノスクス・レテイは，外洋生のクロコダイル類である．

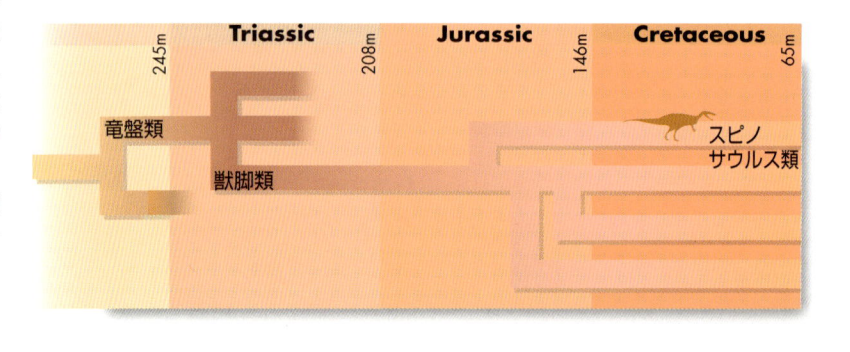

スコミムスを正面からとらえた姿．

浅瀬を歩きまわるスコミムスが，近づいてくるワニ類に気づく．

アフリカ | 97

スコミムスを横から見たところ.

スコミムスの横顔.

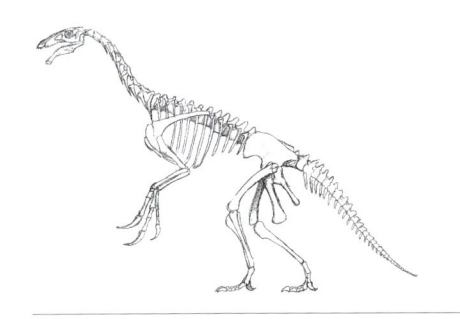

98 | 白亜紀前期からその中ほど

ベイピアオサウルスの横顔．ほっそりとした細長い吻部とクチバシ．

ベイピアオサウルス　*Beipiaosaurus*
[ベイピアオのトカゲ]

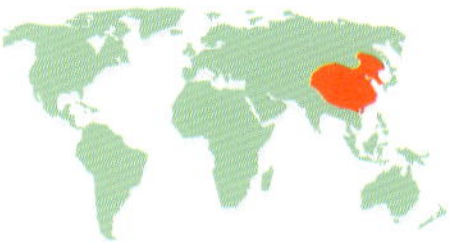

分　類：　小型から中型の雑食性獣脚類
全　長：　2〜4m（鼻から尾まで）

特　徴：　奇妙な2足歩行恐竜で，ずんぐりとした胴体に，鳥類のものに似た非常に小さな頭と，長く優雅な首がついている．腹が大きく，脚はかなりがんじょうだ．脚の下のほうと腹部をのぞいて，全身を白い羽毛がしっかりとおおい，腹は厚みのある丸いウロコで守られている．前足には指が3本あり，巨大なかぎ爪がついている．ベイピアオサウルスは，テリジノサウルス類と呼ばれるかなり変化した獣脚類グループのなかまだ．このテリジノサウルス類の進化が最高点に達したのが，白亜紀後期の目を引く恐竜テリジノサウルスである．特に注目してほしいのは，テリジノサウルス類の特徴である4本指のうしろ足で，これは獣脚類の祖先が持っていた3本指の足から進化したと考えられている．オスとメスは大きさも色もほとんど同じで，かなり大きな群れを作って行動しているが，つがいは一生つれそう．メスはだいたい2年ごとに産卵し，1回で3,4個の丸い卵を産むが，生まれる赤ん坊は1頭だけだ．子供はたいてい何年ものあいだ親から離れずに過ごし，自分自身の繁殖相手を探し始めるまでは，あとから生まれた兄弟の育児を助けることもある．次ページに描かれている集団は，子育て中の両親（前のほう）と3歳の子供（うしろ）で，おとなの顔に見られる特徴的な青い模様が子供にはまだあらわれていない．

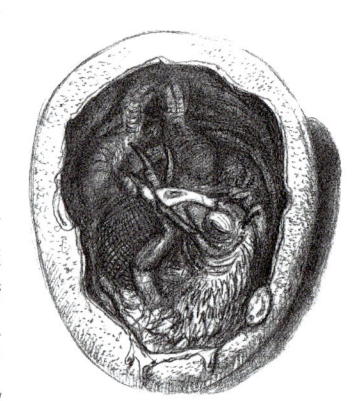

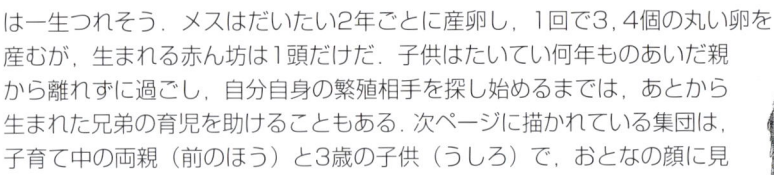

習性と生息地：　だいたいは木が生い茂った森で見つかる．樹皮や腐りかけた丸太から見つけ出した昆虫などの無脊椎動物（テリジノサウルスを参照）や，死肉，菌類，有機堆積物などを食べる．白亜紀中ほどに入った頃の中国北部では，鳥類や鳥類に似た恐竜がいろいろ見つかるので，ここはいつでも自然観察者のあいだで人気の場所になっている．次ページには，ベイピアオサウルスがもっと小型の獣脚類であるドロマエオサウルス科の恐竜たちに集団で追いかけられている様子（中央）や，長い尾羽を持つ孔子鳥のオス（上のほうの左右），羽毛のあるオヴィラプトロサウルス類カウディプテリクスのつがいが巣についているところ（右下），小さくて尾の長いシノサウロプテリクス6頭（前のほう）が描きこまれている．

誕生間近の胚が入ったベイピアオサウルスの卵．

10頭ほどのベイピアオサウルスが群れを作ると，巨大なガチョウのように見える．

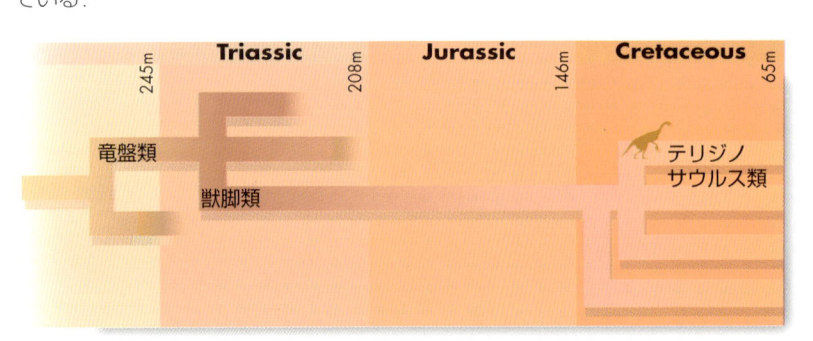

アジア | 99

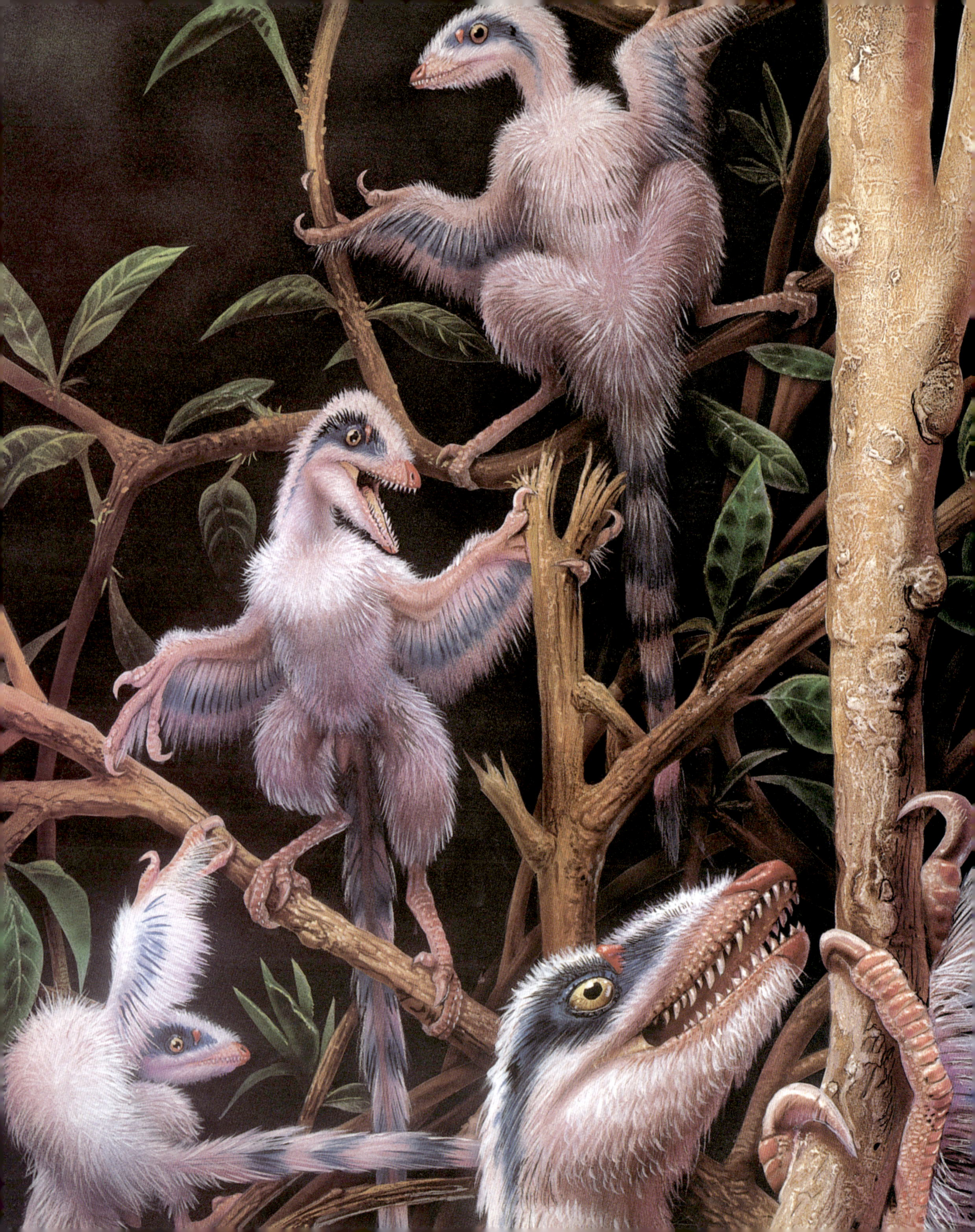

アジア | 101

まわりにうまくとけこむことのできる卵は、コマのような形をしているので、狭い場所でころがっても、落ちる心配はない。

木登りにぴったりの形になった足には、長くてするどく、曲がったかぎ爪がついているので、ものをしっかりとつかめる。

尾や腕、足についている筋のある羽毛（左）と、胴体の断熱用羽毛（右）。

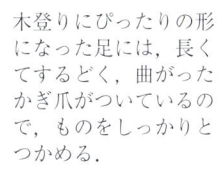

頭骨が見えるようにした頭部の詳細図。長い吻部は、葉についたイモムシなどの昆虫を食べるのに適している。

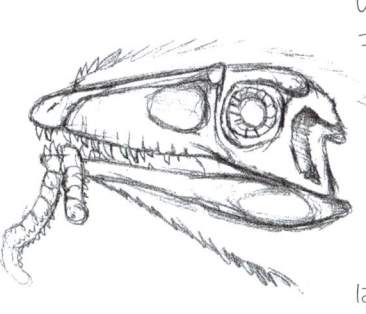

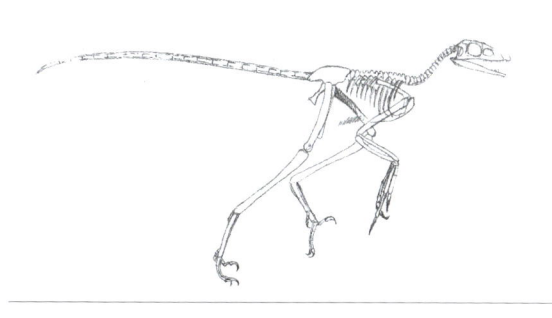

1回で普通、6個から8個の卵がかえるが、生きのびる赤ん坊はわずか2, 3匹だ。

ミクロラプトル　*Microraptor*
[とても小さい略奪者]

分　類： 樹上で生活する，小型で羽毛のある獣脚類
全　長： 30 cm（鼻から尾まで）

特　徴： 少し離れたところから見ると，最初は鳥類の孔子鳥と見分けがつきにくい．どちらも非常に長い尾を持っているが，ミクロラプトルのほうが全体的に小さく，飛べない．オスもメスもやわらかい羽毛にしっかりおおわれている．羽衣はいんぺい色で黄緑色からクリーム色がかった白色に，黒やチョコレート色，灰色のしま模様とはん点がついている．また，目のまわりに黒い羽毛のふちどりがある．うしろ足の指は木にとまりやすい形になっていて，そりかえった細長いかぎ爪がついている．オスとメスはそっくりに見える．巣や赤ん坊を観察するのはむずかしい．高い樹冠や，木の幹の空所に巣が作られているからだ．

習性と生息地： この恐竜は亜熱帯の低所にある湿地や雨林で，森の樹冠のなかにすみついている．単独でいたり，小さな集団を作っていたり，ときには大勢が集まってさかんに声を出しあい，集会や「議会」を開いていることもある．ミクロラプトルの大集団が出すかん高い声は，東アジアの低地に広がる密林のテーマソングだ．ミクロラプトルは雑食性で，昆虫のほか，哺乳類ジャンヘオテリウムやジェホロデンスのような小型脊椎動物，樹上にすむ別の恐竜の赤ん坊や卵，そして鳥類などを食べる．この地域の川べりのしげみには，アルカエオフルクトゥスのような花を咲かせる植物がたくさん生えているが，その果実はミクロラプトルの大好物だ．ミクロラプトルはこうした植物を広めるのに一役買っている可能性がある．果実を食べたあとに，種が入った糞をまき散らしているからだ．この生息地にすむほかの恐竜には，シノサウロプテリクスやシノルニトサウルス，カウディプテリクス，プロトアルカエオプテリクスなどの獣脚類が見られる．いずれも羽毛を持ち，木の枝にとまるものもいるが，ミクロラプトルほど小さくはない．

| 245m | Triassic | 208m | Jurassic | 146m | Cretaceous | 65m |

竜盤類
獣脚類
ドロマエオサウルス類

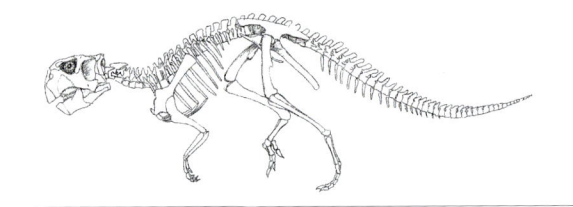

プシッタコサウルス
Psittacosaurus
[オウムトカゲ]

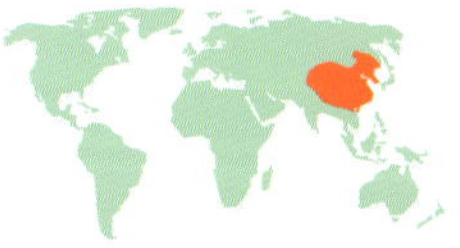

分　類：　2足歩行の原始的な角竜類
全　長：　80cm～2.5m

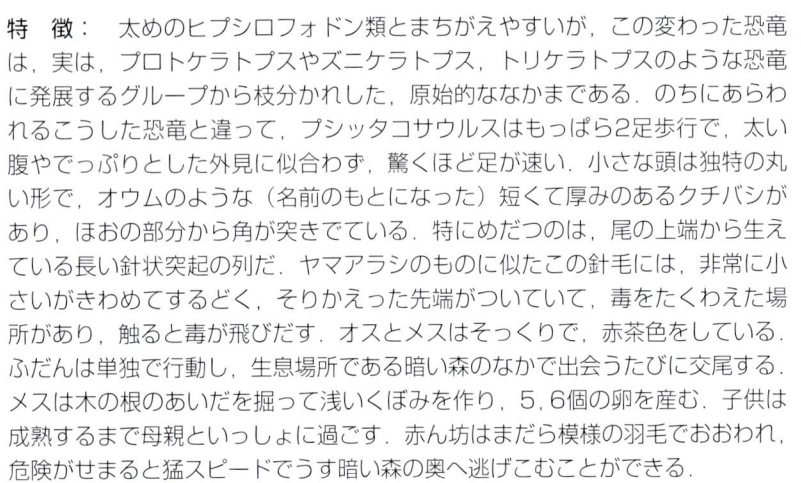

特　徴：　太めのヒプシロフォドン類とまちがえやすいが，この変わった恐竜は，実は，プロトケラトプスやズニケラトプス，トリケラトプスのような恐竜に発展するグループから枝分かれした，原始的ななかまである．のちにあらわれるこうした恐竜と違って，プシッタコサウルスはもっぱら2足歩行で，太い腹やでっぷりとした外見に似合わず，驚くほど足が速い．小さな頭は独特の丸い形で，オウムのような（名前のもとになった）短くて厚みのあるクチバシがあり，ほおの部分から角が突きでている．特にめだつのは，尾の上端から生えている長い針状突起の列だ．ヤマアラシのものに似たこの針毛には，非常に小さいがきわめてどく，そりかえった先端がついていて，毒をたくわえた場所があり，触ると毒が飛びだす．オスとメスはそっくりで，赤茶色をしている．ふだんは単独で行動し，生息場所である暗い森のなかで出会うたびに交尾する．メスは木の根のあいだを掘って浅いくぼみを作り，5，6個の卵を産む．子供は成熟するまで母親といっしょに過ごす．赤ん坊はまだら模様の羽毛でおおわれ，危険がせまると猛スピードでうす暗い森の奥へ逃げこむことができる．

習性と生息地：　熱帯林のなかでも特に奥深く，入り組んだ場所で見つかる．えさはもっぱら原始的な被子植物の果実だが，この時代にそうした植物が生えていたのは湿った熱帯地方にほぼかぎられている．しかし，多くの恐竜と同じようにプシッタコサウルスも死肉をあさり，とりわけ骨付き肉を好んで食べる．おまけに，骨のかけらは胃石として役に立つ．プシッタコサウルスは泳ぎが得意で，ジャングルのなかの湖や川に入って，水中にはびこる植物や，巻き貝類などの無脊椎動物を食べている姿が目撃されることもある．シノヴェナトル（次ページ）のような捕食者に出くわすと，尾を振りまわしてうまく身を守る．とがった針毛を捕食者が食いちぎると，口のなかに刺さってなかなか抜けず，やがて針を抜いたときに化学反応が起きて熱が生じ，先端から毒性のある刺激物質のフェノールやキノンが放出される．針毛は抜け落ちても，根元からすぐにまた再生する．

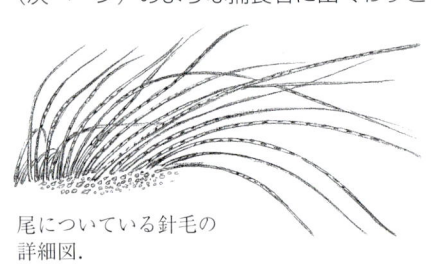

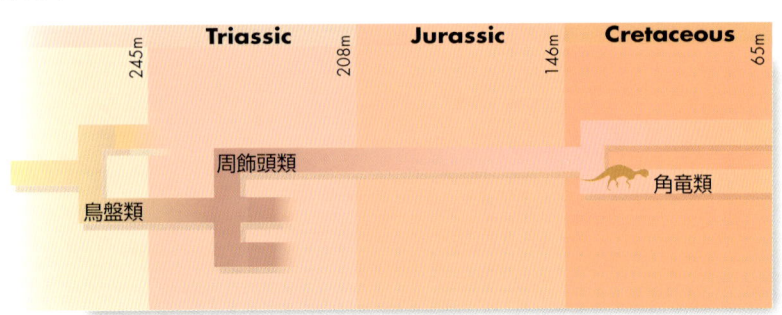

2頭のオスが対決し，噴水のように生えた尾の針毛を見せつけあっている．

攻撃を受けそうになったプシッタコサウルスが，立ちあがって大きく口を開き，尾の毒針を広げている．

プシッタコサウルスを正面から見たところ．ほおの突起でいっそう幅広に見える頭と，やや幅の狭いクチバシに注目．

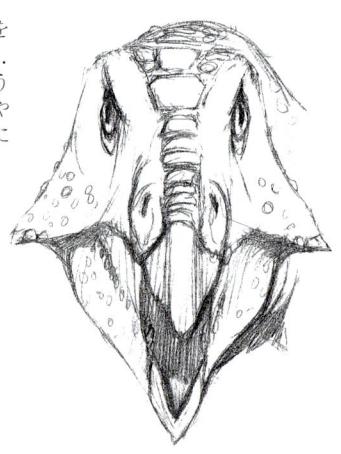

尾についている針毛の詳細図．

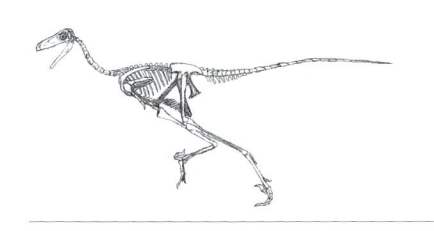

アジア | 103

オスの孔子鳥を追いかける
メスのシノヴェナトル．

シノヴェナトル　*Sinovenator*

[シナの猟師]

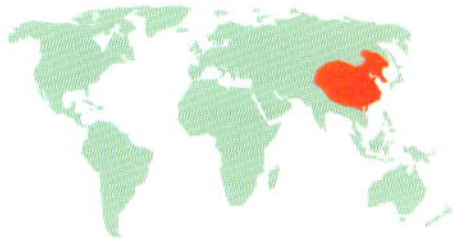

分　類：　小型獣脚類
全　長：　1.8〜2.6ｍ（鼻から尾まで）

特　徴：　小型でとてもあざやかな色をした獣脚類．トロオドン類という注目すべき恐竜グループの原始的ななかま．メスは（次ページのイラストを見るとわかるように）エメラルドグリーンの羽毛が顔や首，腕，胴体，尾にびっしりと生えていて，まっ赤なはん点に黒いふちどりのある模様がところどころについている．脚と体の下面はくすんだ灰色だ．頭にはまっ赤なやわらかい羽柄の束があり，腕には緑や赤，黒色の短い羽毛が並んでいる．吻部は濃い金色だ．オスはさらにあざやかな色をしているが，それぞれが独自の模様を持ち，メスとの違いやオスどうしの違いがはっきりしている．先史時代のクジャクともいえるこの恐竜は，たいてい羽毛で完全におおわれ，頭や腕，尾に長い飾り羽がある．オスがメスにディスプレイを見せる集団求婚場は，普通，深い森のなかにできた日光のさしこむ空き地で，目撃者の話によると，さまざまな色が集まった様子は「リオのカーニバル」のようだという．オスの羽毛は狩りのじゃまになるので，メスが産んだ6,7個の卵を温めることに専念し，メスがえさ探しをすべて引き受ける．狩りは，数頭のメスが協力しあって行うことが多い．

メスがえさをつかまえに行っているあいだ，オスが巣を守る．

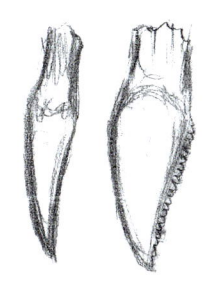

習性と生息地：　シノヴェナトルは，やや荒れた林地からうっそうとした原生林まで，森のあるところにすみ，プシッタコサウルスやベイピアオサウルスのような植物食恐竜をつかまえてえさにする．鳥類（孔子鳥）や卵，レペノマムスのような小さな哺乳類も食べる．ほかのトロオドン類と同じように，シノヴェナトルも，大きな目とあざやかな羽衣のおかげで目につきやすい．オスの羽衣は個体差があまりにも大きく，ディスプレイや威嚇に必要な限度をこえているので，この濃淡や色合いの微妙な違いは高度な対話システムの一部ではないか，と考える観察者もいる．つまり，クジラがコミュニケーションに使う歌のビジュアル版だ．トロオドン類はすべての恐竜のなかで最も知能が高いと考えられているので，そうだったとしても不思議ではない．

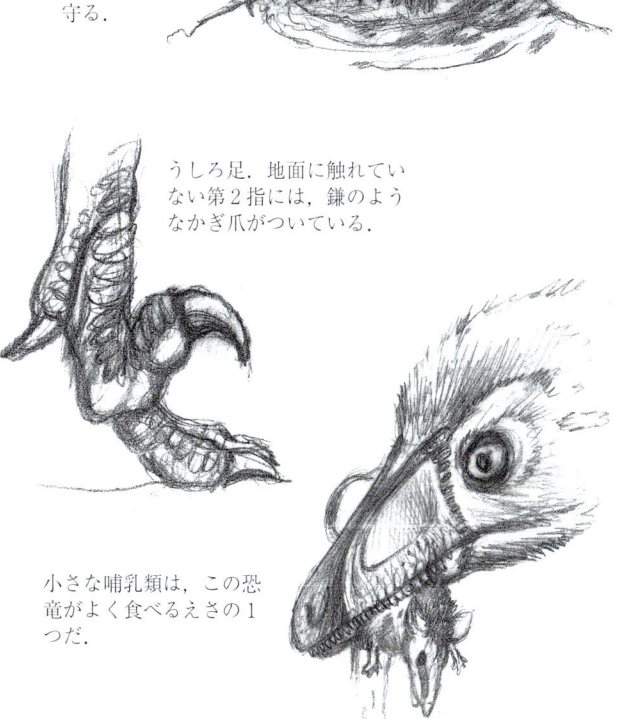

前歯（左）とは違って，奥歯（右）にはのこぎり状の深い切れこみがある．

うしろ足．地面に触れていない第2指には，鎌のようなかぎ爪がついている．

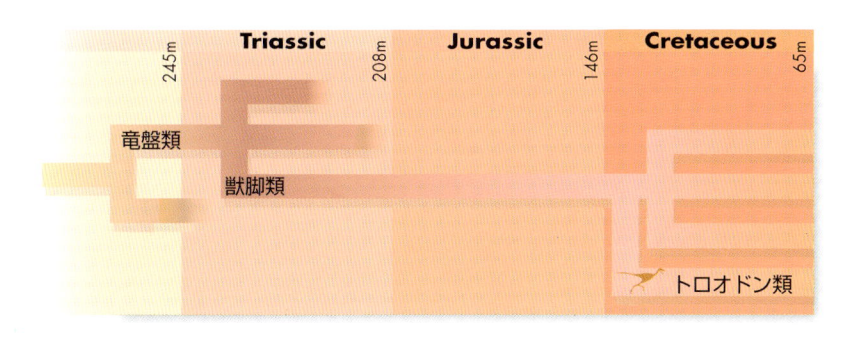

小さな哺乳類は，この恐竜がよく食べるえさの1つだ．

Triassic	Jurassic	Cretaceous
245m	208m	146m　　65m

竜盤類
獣脚類
トロオドン類

次ページ：　シノヴェナトルの攻撃から逃げる，プシッタコサウルスのおとなと子供．

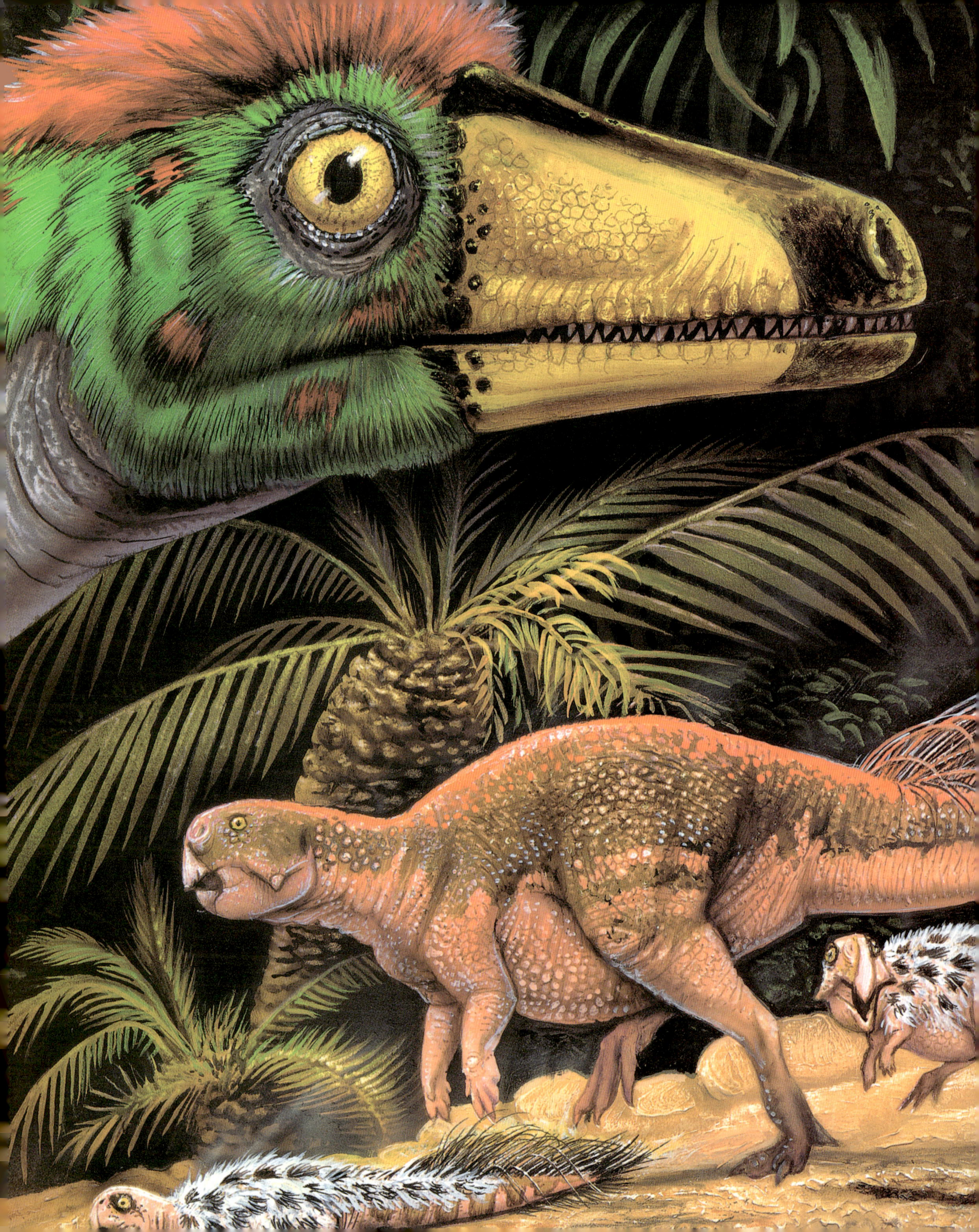

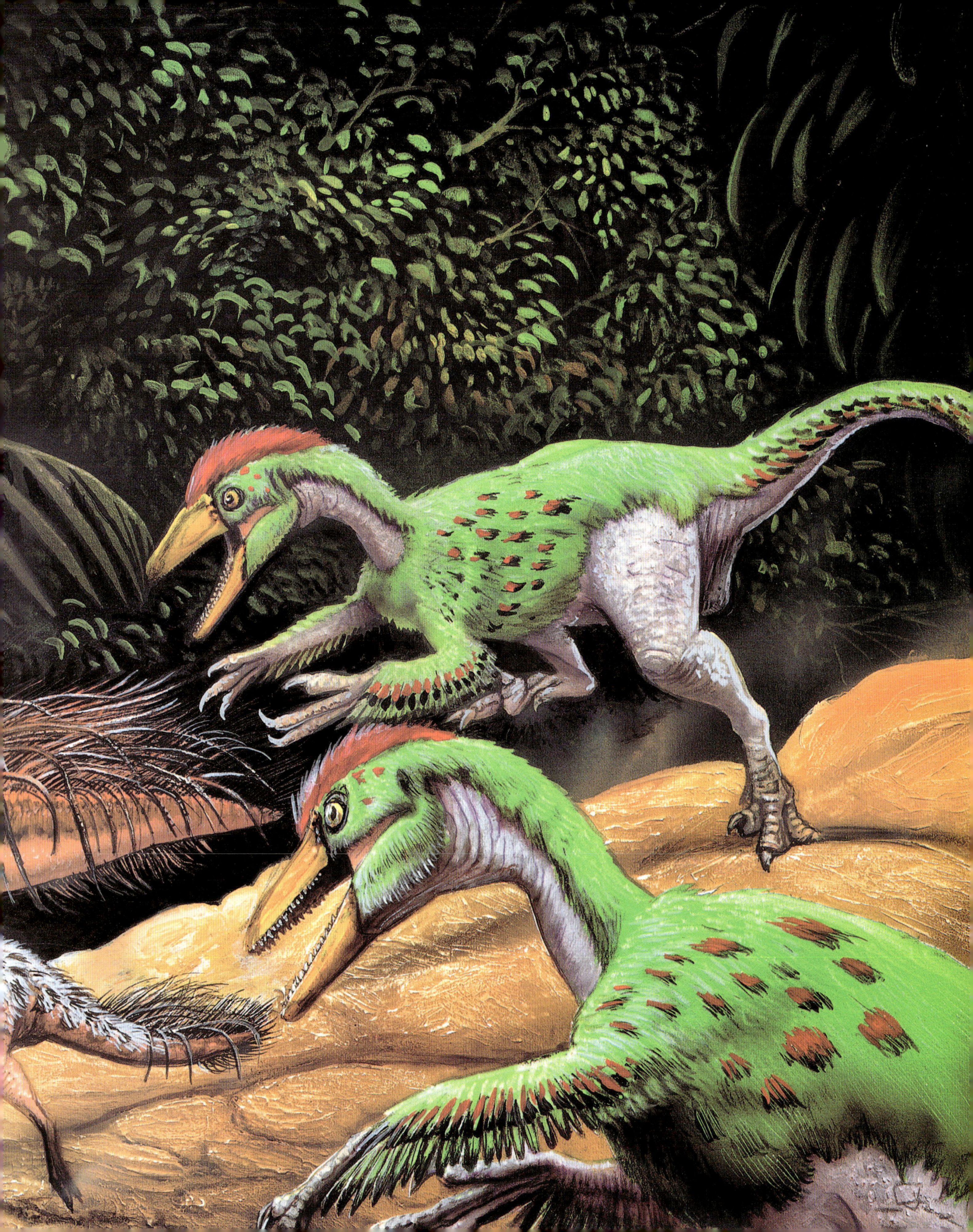

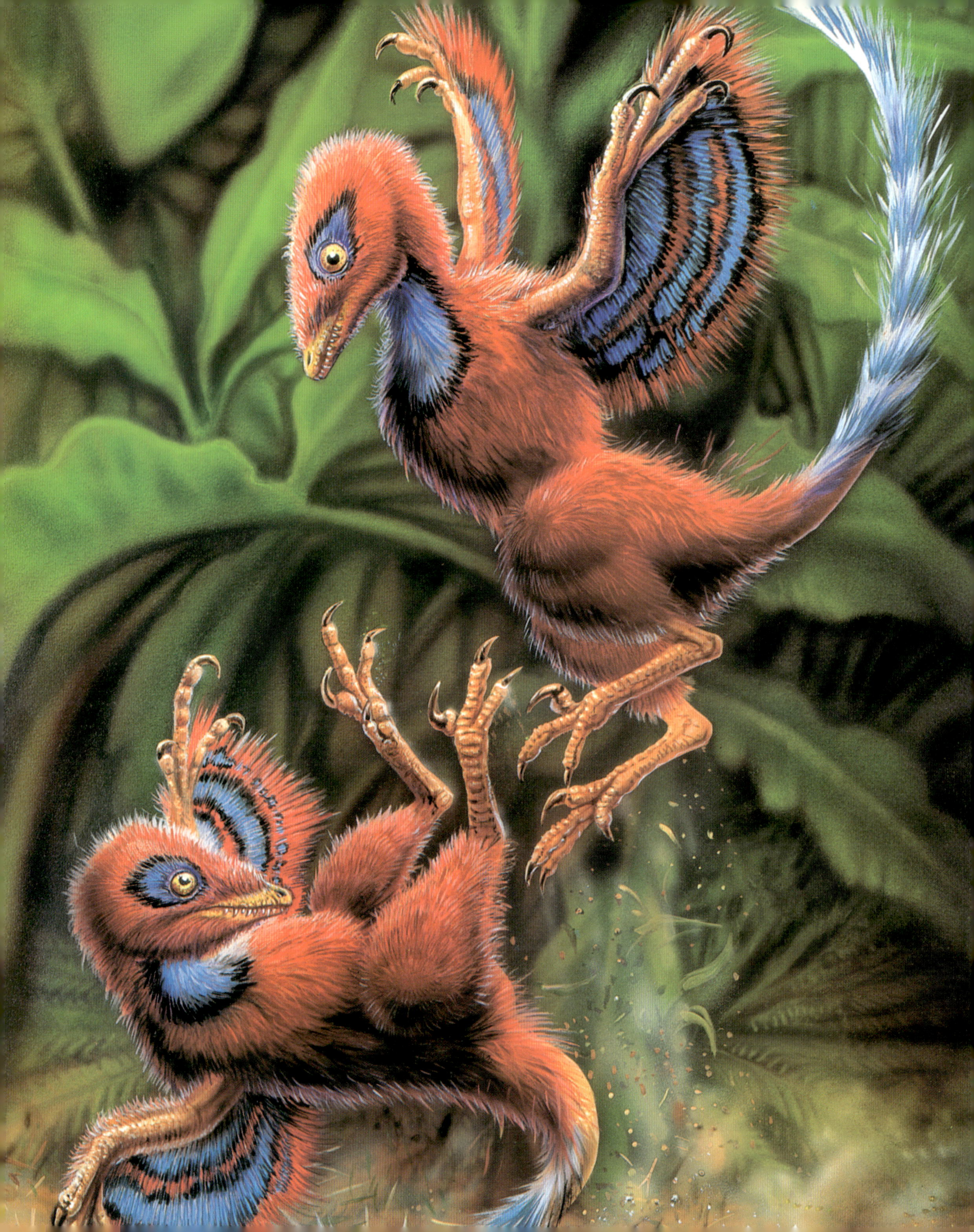

アジア | 107

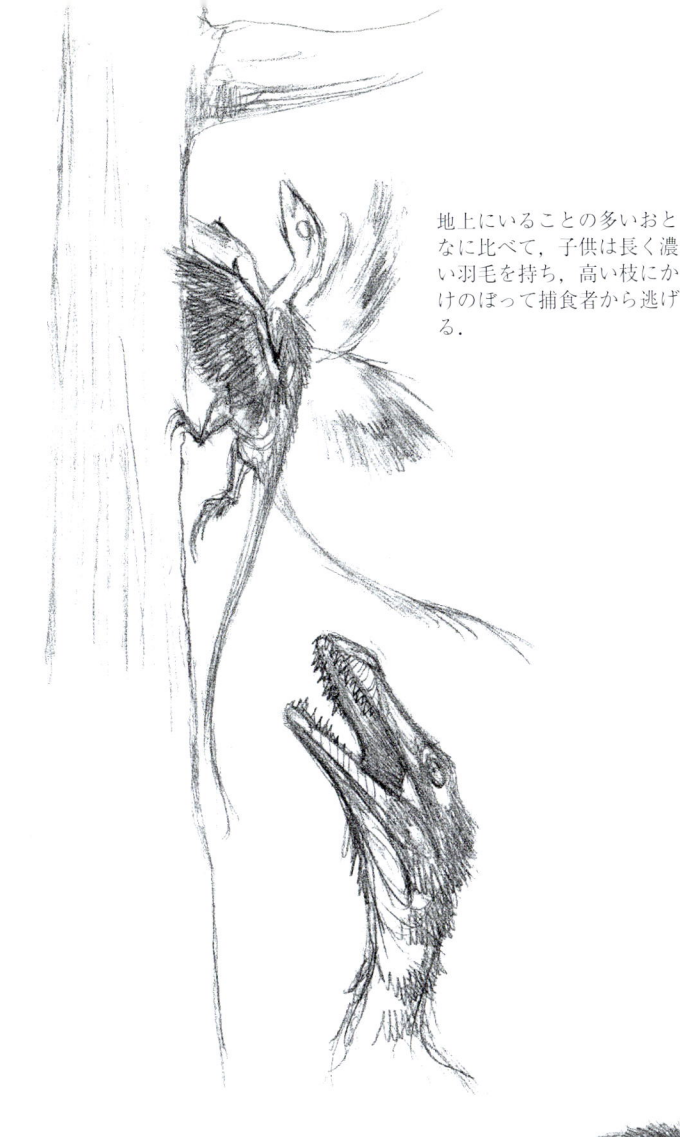

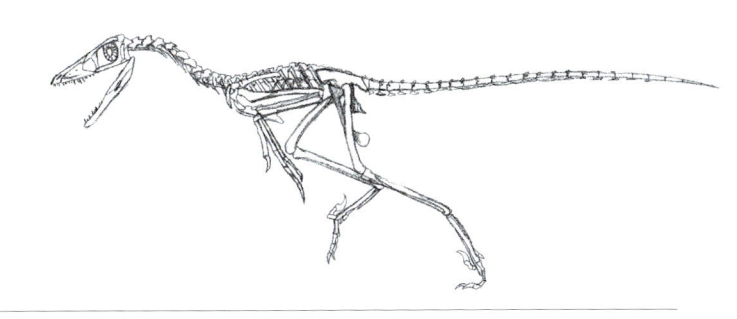

地上にいることの多いおとなに比べて，子供は長く濃い羽毛を持ち，高い枝にかけのぼって捕食者から逃げる．

シノルニトサウルス（中華鳥竜）
Sinornithosaurus
[シナの鳥トカゲ]

分　類：　羽毛のある小型獣脚類
全　長：　50 cm〜1.2 m（鼻から尾まで）

特　徴：　小型でおもに地上にすむ獣脚類．同時代のシノサウロプテリクスやミクロラプトルに見られるような，ふわふわのふさをもつ羽柄におおわれている．おとなはオスもメスも，目のまわりにある青い肉垂と，むきだしになっているかぎ爪や足の部分をのぞいて，40mmにまでなる白色から淡い灰色の羽柄に全身を包まれている．大きなイラストからもわかるように，この恐竜の変わった特徴は，子供の体がめだつ羽毛におおわれている点である．ここにはじゃれあう子供の姿が描かれているが，明るい赤色に，あざやかな青色のはん点やしま模様が重なり，長い尾には青と白の輪模様がついている．また，羽毛は親よりも密に生えていて，もつれやすい．腕のふさ毛がマジックテープのようにくっついて，飛行機の翼のようになっているので，危険を感じたときはすばやく木の上に逃げることができる．おとなの羽毛は子供よりかなりまばらで，色もはなやかではない．子供が色あざやかな体をしている理由はなぞだが，兄弟どうしの争いに関係しているのかもしれない．親の気を引いてえさをもらおうと兄弟がたがいに競争するうちに進化してきた現象ではないかと考えられる．

子供が腕を広げた姿．前足の構造と，羽毛の全体的な配置がわかる．

習性と生息地：　おもに夜行性で，うっそうとした森から，少し開けた緑地にすみ，無脊椎動物のほかに，ジャンヘオテリウムのような小さな哺乳類も探して食べる．オスとメスのつがいは一生つれそい，騒々しい集団繁殖地で低い位置にある木の枝に巣を作る．同じ木の高い枝にミクロラプトルがすみついていることも多い．集団繁殖地には，たがいに関係のある数世代の個体が，80頭から100頭集まっている．小さな子供や，おとなになりかけの若者が親の巣にとどまり，自分より幼い兄弟やいとこを育てるのを手伝っていることもよくある．

歯を見せている，おとなの頭．

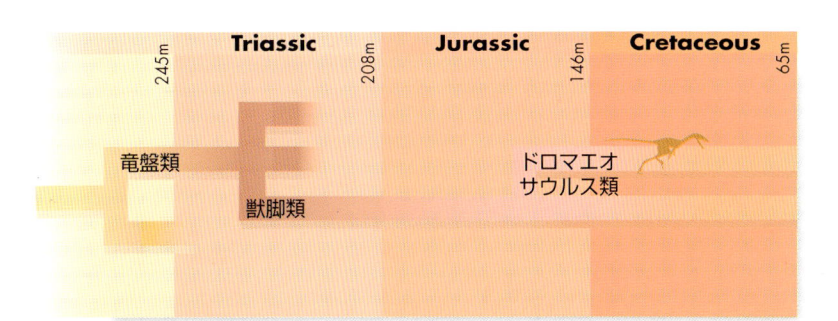

	Triassic		Jurassic		Cretaceous	
245m		208m		146m		65m

竜盤類
獣脚類
ドロマエオサウルス類

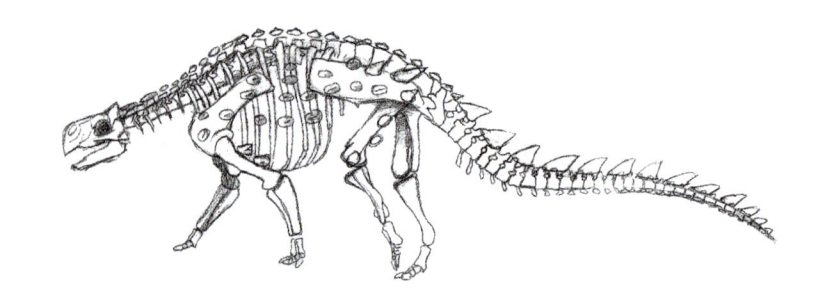

ミンミ　*Minmi*
[ミンミ，十字路]

分　類：　小型の装盾類
全　長：　1.5〜3m（鼻から尾まで）

特　徴：　ヨロイ竜類としては身軽な体型で，比較的ほっそりとした四肢と，軽い装甲を持っている．赤茶色の皮膚は小石のような肌ざわりで，頭や背中，体の後部，尾にはやや大きめの装甲板がたくさんついている．装甲板は黄みがかった白色で，尾にあるものは特にめだつ．襲われたり危険を感じたりすると，ごつごつした背中だけを外に出して，あっというまに土中にもぐりこむ．普通は単独で行動し，2，3頭以上の集団でいるところはめったに見られない．オスとメスは遺伝子検査をしないと区別できないほどそっくりだ．交尾は短時間で，1年中いつでも可能だ．産卵数は1回につき6個から8個で，親は砂に卵を埋めたあと，そのまま放置する．

習性と生息地：　とびぬけて丈夫で，融通がきく恐竜なので，さまざまな環境にすむことができ，水があふれる川床で植物の種子や葉，無脊椎動物を食べていることもあれば，乾燥した砂漠で見つかることもある．皮膚の下に脂肪をたくわえているため，何か月も水を飲まずに，何百km，何千kmも歩きまわることができる．いよいよ危なくなると，地面に巣穴を掘って身をうずめ，休眠に入り，長いあいだ仮死状態で過ごす．

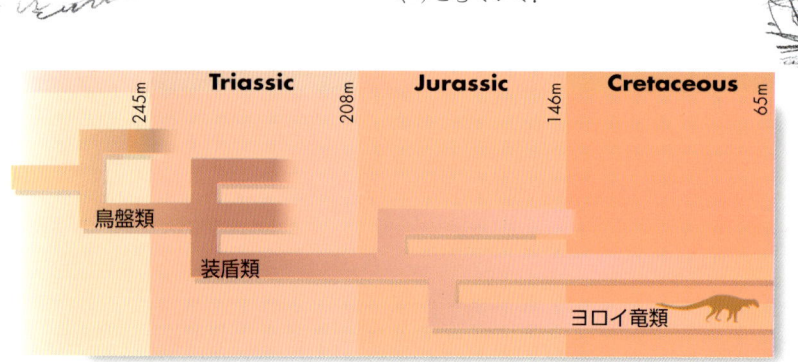

土を掘りながら巣からはい出る，生まれたばかりのミンミ．

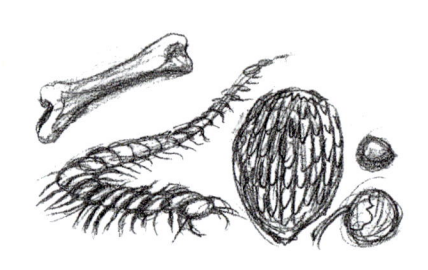

ミンミのえりぬきメニュー．ムカデ類に骨，初期の被子植物の塊茎や種子．

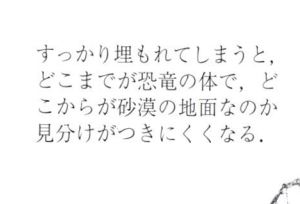

地面を掘ってもぐりこむミンミ．

すっかり埋もれてしまうと，どこまでが恐竜の体で，どこからが砂漠の地面なのか見分けがつきにくくなる．

オーストラリア | 109

ミンミの頭を横から見たところ.

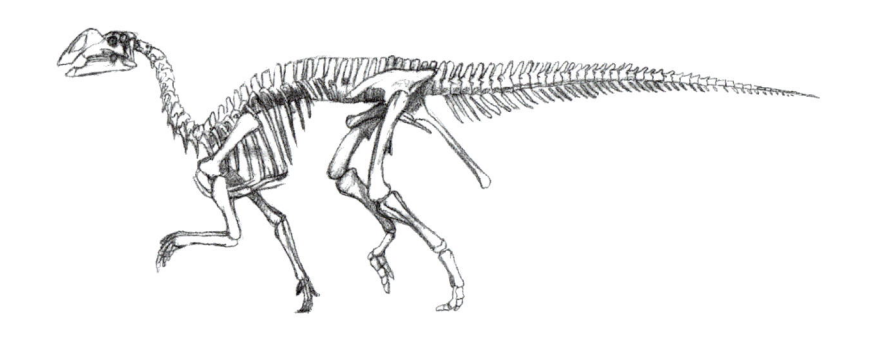

ムッタブラサウルス *Muttaburrasaurus*
[ムッタブラのトカゲ]

分　類：　中型の鳥脚類
全　長：　6〜8m（鼻から尾まで）

特　徴：　同じ頃の恐竜イグアノドンに近いなかまで，よくいる典型的な鳥脚類．オスもメスも全体が灰色で，体の下側はピンク色をおびている．鼻についためだつ突起と赤い鼻袋，そしてがんじょうな角質のクチバシを手がかりに見分けることができる．鼻袋は声を出すとふくらむ．背骨にそって，トゲ状の突起が走っている．オスとメスはほとんど同じ大きさだが，オスのほうが鼻の突起と袋が大きい．この袋は，繁殖期に騒々しく激しい争いをするときに使われる．オスはメスを奪いあって必死に叫び，たがいに肩をぶつけて荒々しい戦いをくり広げる．普通は相手の背中にかみついたほうが勝ちというしきたりになっている．ほかの鳥脚類と同じように，ムッタブラサウルスもにぎやかに集まってくらす傾向がある．ごたまぜの大きな群れを作り，家族だけでかたまったりはしない．オスはできるだけ多くのメスに受精しようとし，交配後，メスは広大な集団繁殖地で産卵する．

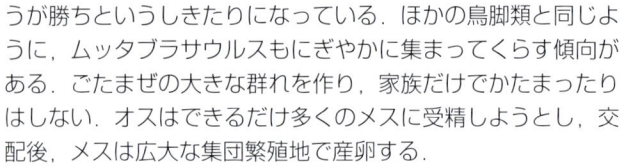

習性と生息地：　みずみずしい氾濫原から，やや高めの場所にある荒野や低木林まで，さまざまな環境で見つかる．いろいろな植物をえさにしているが，そのほかにも，別の脊椎動物の骨や卵，子供など，見つけたものはほとんど何でも食べる．ムッタブラサウルスが翼竜類の集団繁殖地に入りこみ，赤ん坊の脚を食いちぎったという話も伝わっている．カルシウム補強のためだろうが，気味の悪いやり方だ．食べ物はクチバシでかみ切ったあと，筋胃のなかですりつぶす．また，密生した歯群を持っているが，鳥脚類にしてはめずらしく，ムッタブラサウルスの歯は1回に1つずつではなく，全部がいっせいに抜けかわるという報告もある．

オスの頭を横から見たところ．鼻の袋がふくらんだりしぼんだりする．

メスを争って取っ組みあいをする，オス2頭．

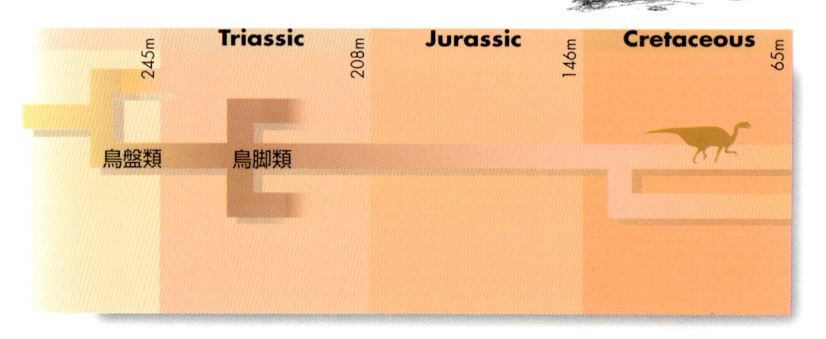

オーストラリア | 111

ぱんぱんにふくらんだ鼻袋を前から見たところ.

鳥脚類イグアノドン（左）の前足と，そのなかまのムッタブラサウルスの前足を比較．イグアノドンの前足の親指には大きなスパイクがついている．

The late Cretac[eous]

99.6 to 65.5 million years ago
白亜紀後期
9960万年前から6550万年前

eous period

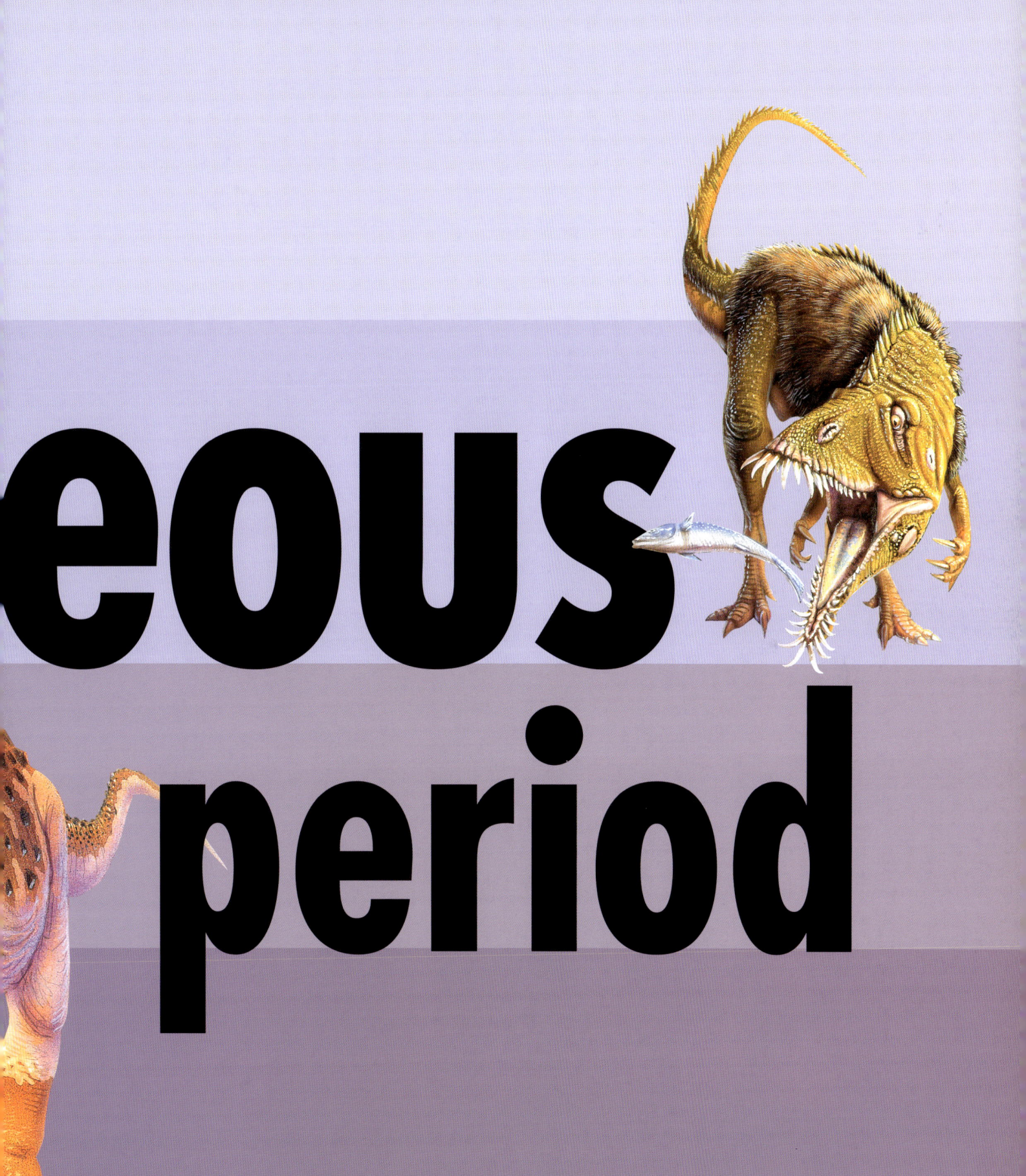

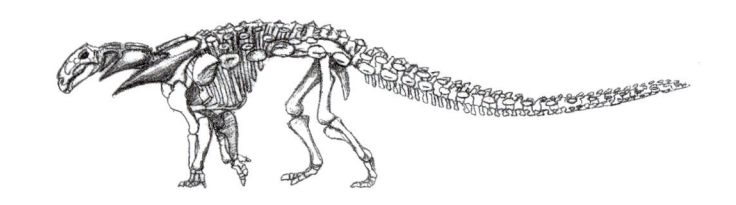

白亜紀後期

エドモントニア *Edmontonia*
[エドモント産]

分　類： 大型の装盾類
全　長： 6〜7m（鼻から尾まで）

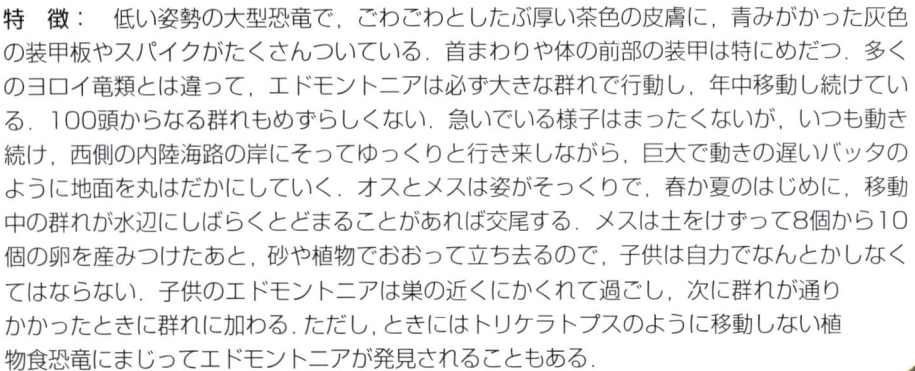

特　徴： 低い姿勢の大型恐竜で，ごわごわとしたぶ厚い茶色の皮膚に，青みがかった灰色の装甲板やスパイクがたくさんついている．首まわりや体の前部の装甲は特にめだつ．多くのヨロイ竜類とは違って，エドモントニアは必ず大きな群れで行動し，年中移動し続けている．100頭からなる群れもめずらしくない．急いでいる様子はまったくないが，いつも動き続け，西側の内陸海路の岸にそってゆっくりと行き来しながら，巨大で動きの遅いバッタのように地面を丸はだかにしていく．オスとメスは姿がそっくりで，春か夏のはじめに，移動中の群れが水辺にしばらくとどまることがあれば交尾する．メスは土をけずって8個から10個の卵を産みつけたあと，砂や植物でおおって立ち去るので，子供は自力でなんとかしなくてはならない．子供のエドモントニアは巣の近くにかくれて過ごし，次に群れが通りかかったときに群れに加わる．ただし，ときにはトリケラトプスのように移動しない植物食恐竜にまじってエドモントニアが発見されることもある．

習性と生息地： すべてのヨロイ竜類のなかで最も繁栄し，最もよく見かける恐竜の1つであるエドモントニアは，たくましいことで有名なこの並はずれた恐竜グループの代表例だ．興奮するとびっくりするほどどうもうになるので，ティラノサウルス類などの捕食者に襲われれば，団結して立ち向かい，群れを守る．体を左右にゆすると，肩のスパイクが大鎌のように力強く振り動かされるのだ．このカニのような動きは，交配相手やえさを奪いあってたがいに体をぶつけるときにも使われる．エドモントニアは，その強力なクチバシで食いちぎったりのみこんだりできるものなら何でも食べる．植物やかたい果実，根，無脊椎動物，卵，小さな哺乳類，恐竜の子供，死肉や有機堆積物でも，たゆみない移動の妨げにならないかぎり，口にする．

産卵中のエドモントニア．このあと，巣に土や植物をかける．

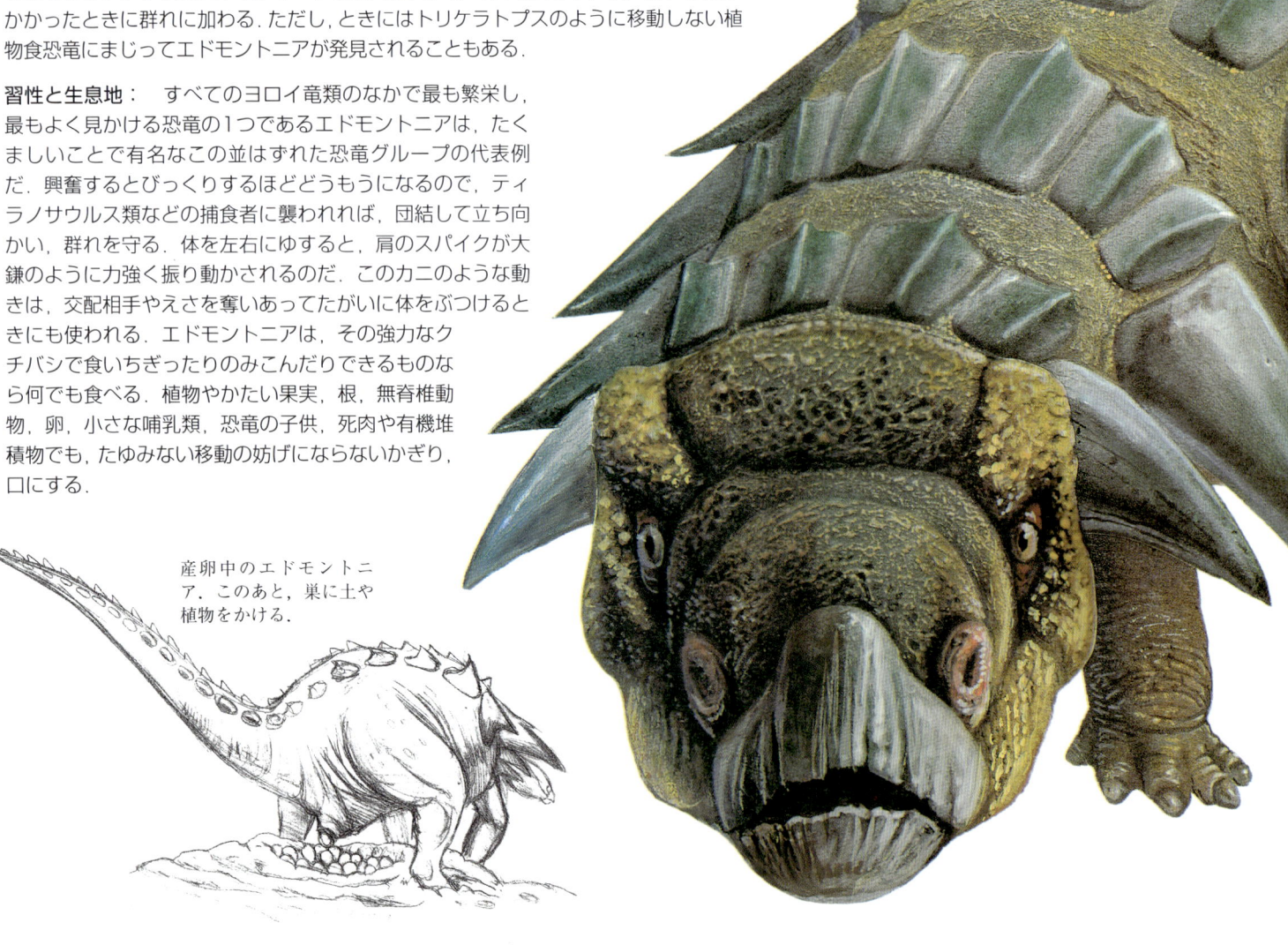

北アメリカ | 115

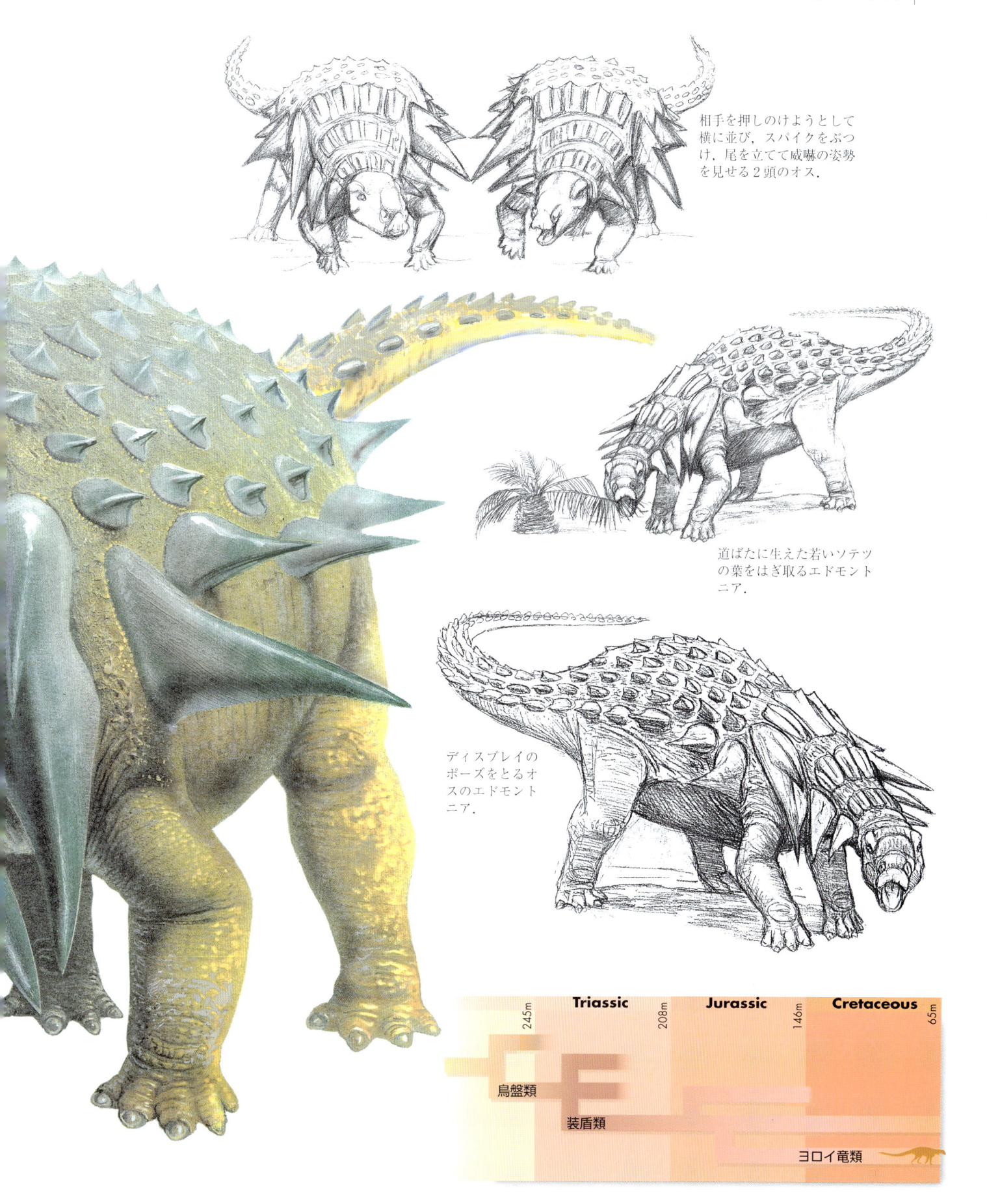

相手を押しのけようとして横に並び，スパイクをぶつけ，尾を立てて威嚇の姿勢を見せる2頭のオス．

道ばたに生えた若いソテツの葉をはぎ取るエドモントニア．

ディスプレイのポーズをとるオスのエドモントニア．

	Triassic		Jurassic		Cretaceous	
	245m		208m		146m	65m

鳥盤類
装盾類
ヨロイ竜類

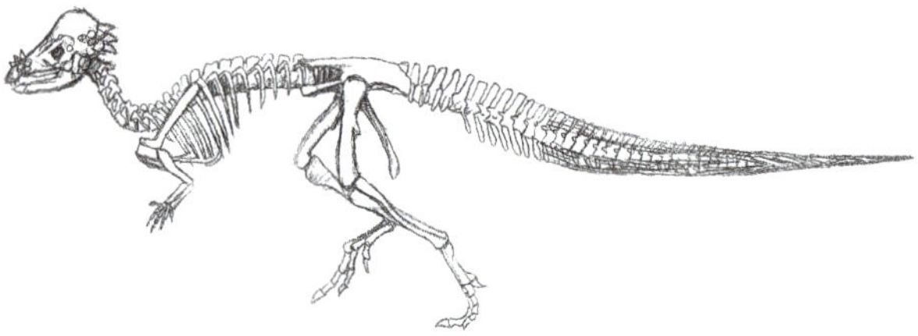

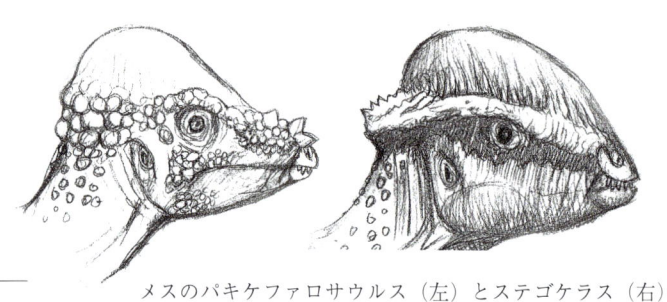

116 | 白亜紀後期

メスのパキケファロサウルス（左）とステゴケラス（右）の頭．2つの種のあいだで頭の突起に違いがある点に注目．

パキケファロサウルス
Pachycephalosaurus
[頭の厚いトカゲ]

分　類：　大型の厚頭竜類
全　長：　5〜9ｍ（鼻から尾まで）

特　徴：　多くの「石頭」恐竜類のなかまで最大の種．性的二型性もいちばん大きい．オスは小さめ（体長6mほど）だが色あざやかで，頭や前腕，横腹は虹色にも見える緑色に輝き，体の後部や尾に近づくとだんだん茶色に変わる．スパイクにふちどられた特徴のある頭部のドームは，厚さが30cm以上にもなる．メスはオスよりかなり大きく，体長9mに達するが，色は暗くくすんでいて頭のスパイクの数が少ない．パキケファロサウルスの社会は一雌多雄性で暴力シーンが多い．第1位のメスはハレムを作り，10頭から12頭のものオスをしたがえる．下位のメスはたいてい第1位の「女王」と血のつながりがあり，女王がハレムのオスの一部，またはすべてとのあいだで産んだ50個以上の卵の世話を手伝う．下位のメスが産む卵の数は女王に比べてはるかに少なく，生まれた子供が成熟する可能性は低い．下位のメスはしばしば女王に戦いをいどみ，し烈な争いをくり広げる．どちらも大きな道具で建物を破壊するように頭のドームをぶつけて，樽のような相手の胸郭を押しつぶそうとする．戦いは営巣地で行われるので，卵や赤ん坊が巻きこまれてふみつぶされるといった大きな被害をともなう．オスも女王の気を引こうとけんかをするので，同じような破壊が起きる．

習性と生息地：　見通しのいい場所や木がまばらに生えた緑地に広大な行動圏を持ち，大集団で背の低い植物を食べてくらしている．捕食者から身を隠す場所がないため，敵に立ち向かうほうを選び，なわばりに入ってくる者すべてに攻撃を加える．相手が大きなティラノサウルス類でも，オスの集団は胸郭や腹部，脚に頭突きを入れる．おとなのティラノサウルス類でさえときにはひどい傷を負い，子供なら，こうした攻撃を受けて死ぬことも多い．パキケファロサウルスに特徴的な闘争性や社会構造は，巨大な捕食者の獣脚類がいる環境に適応した結果かもしれない．この恐竜に対しては，がんじょうな装甲車に乗り，用心に用心を重ねないと近づいてはいけない．

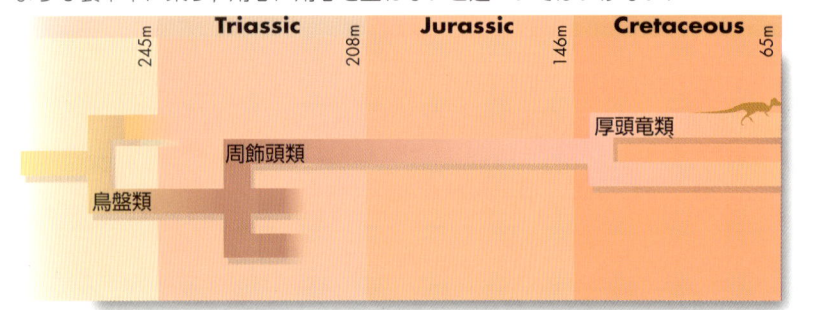

パキケファロサウルスのオスたちに突撃されて，ちょっとのあいだ息ができなくなった子供のティラノサウルス・レックス．

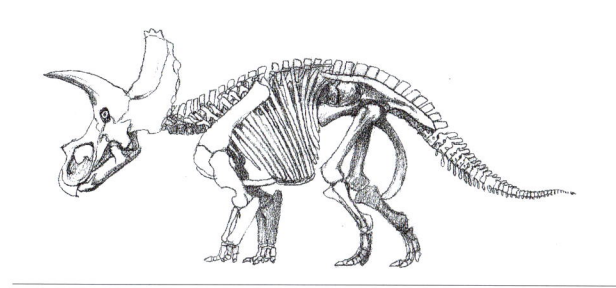

北アメリカ | 117

トリケラトプス　*Triceratops*
[3本の角を生やした顔]

分　類：　大型角竜類
全　長：　7〜10m（鼻から尾まで）

特　徴：　大型でずんぐりした角竜類で，比較的短くてのっぺりとしたえり飾りを持っている．目の上に1対の長い角，そして鼻には前方にカーブした短い角があり，丈夫なクチバシが突きでている．皮膚は灰色から緑色がかった黒色で，表面がでこぼこしていて，骨質の小さなびょうがたくさんついている．もっと小型の角竜類の多くとは違って，えり飾りの色はあまりはなやかではなく，装飾も少ない．トリケラトプスは大きなオスをリーダーとする小さな群れで生活している．春の繁殖期には，最高位とハレムの所有権をめぐって激しい戦いがくり広げられる．ハレムのメスは，土をかためて壁を作った丸い巣にそれぞれ15個から20個の卵を産み，針葉樹の枝をかぶせる．この恐竜には明らかな移動性は見られず，1つ1つの群れがはっきりとした行動圏を持ち，個々のトリケラトプスが群れを離れて別の群れの行動圏に侵入するようなことはめったにない．こうした習性があるうえに，群れのなかの順位が徹底しているので，トリケラトプスの群れの多くは近親交配を起こしやすい．白亜紀の終わり頃の観察報告によると，孵化できない卵が山ほどあり，いくつもの群れが死滅しかけているという．

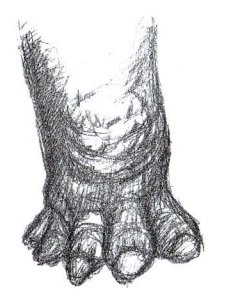

習性と生息地：　この最大の（そして，やがてわかるように最後の）角竜類は，低地の湿った針葉樹林から，木がいくらか生えた緑地にすみ，低木や針葉樹の球果をえさにしている．土を掘って植物の根を食べることもある．また，クチバシと鼻の角を使って，腐りかけた木の幹から樹皮をはぎ，ぜん虫や地虫を見つけて，長い舌でからめ取って食べる．同じように虫を探すために，ひたいの角を利用して木の幹や植物を動かすこともある．しっかりとした装甲を持つこの大型恐竜には，巨大な獣脚類のティラノサウルスをのぞいて，手強い競争相手や敵はいない．ティラノサウルスは体が大きいので，比較的速く移動できるが，これに対して，トリケラトプスはひるまずに反撃して身を守る．わずかでもトリケラトプスの角で傷つけられると，命を落とすおそれがあるので，大きな身の危険を感じた場合，ティラノサウルスはたいていあきらめて引きさがる．

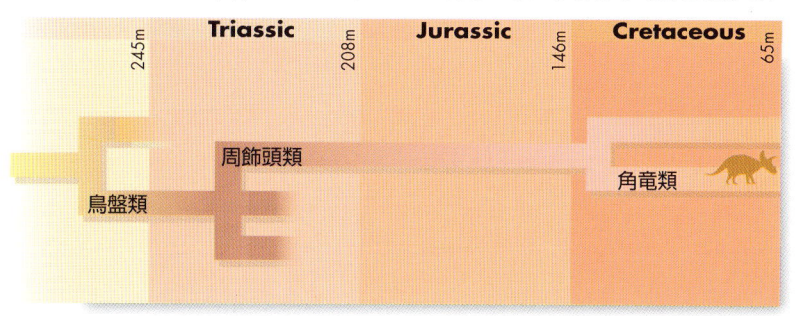

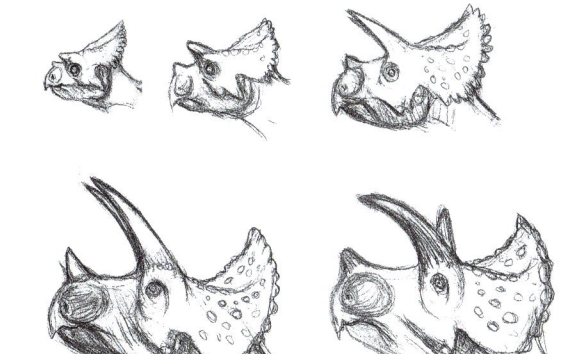

トリケラトプスの頭の成長過程を，赤ん坊（左上）から完全に成長しきったおとな（右下）まで並べて観察．

3頭のティラノサウルス・レックスにあとをつけられる，トリケラトプスの群れ．

どっしりとした前足は，植物の根や地虫を掘りだすのに適している．

巣の世話をするメス．

次ページ：　トリケラトプスの体の後部は無防備なので，捕食者はここを急襲すると，うまくしとめることができる．

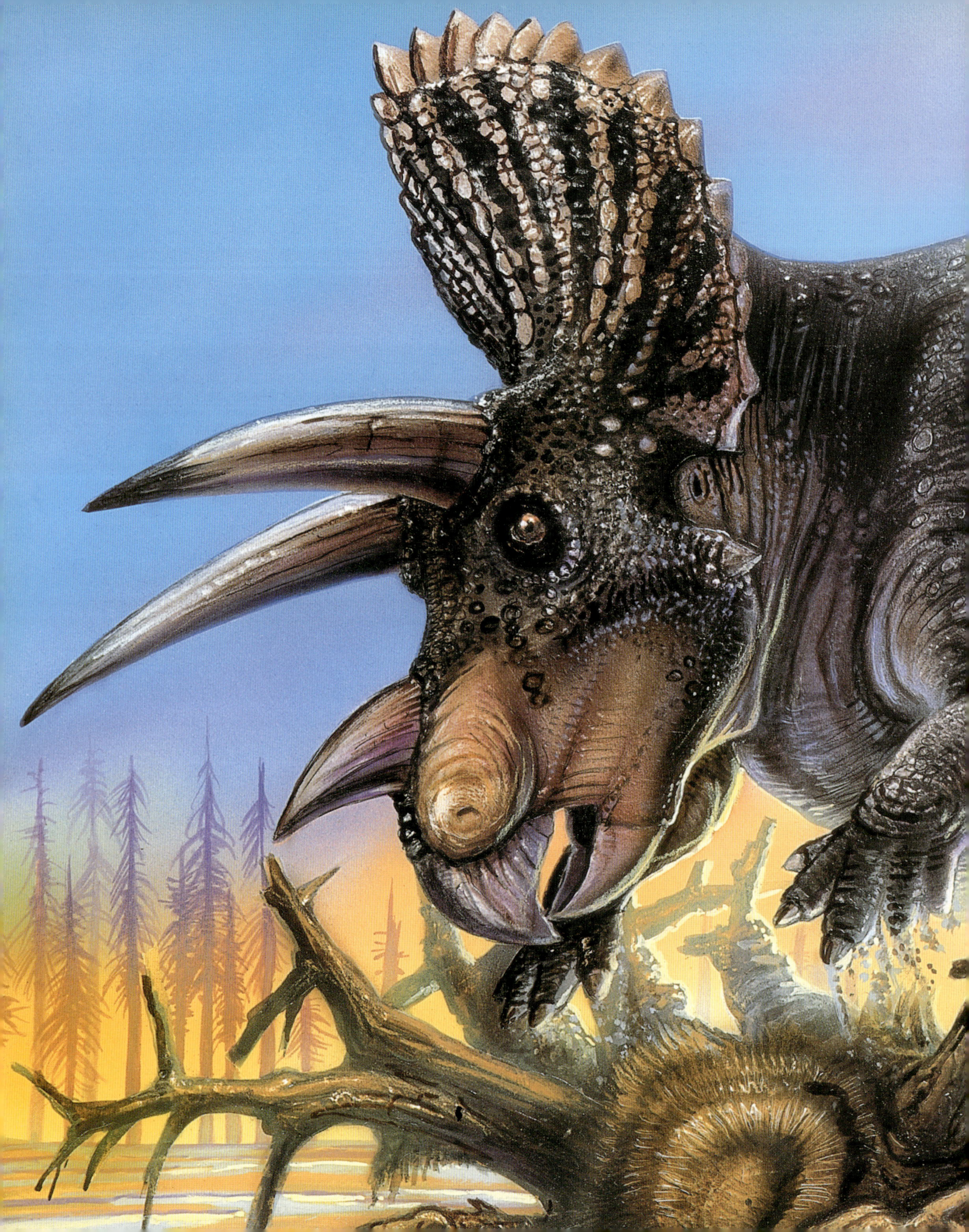

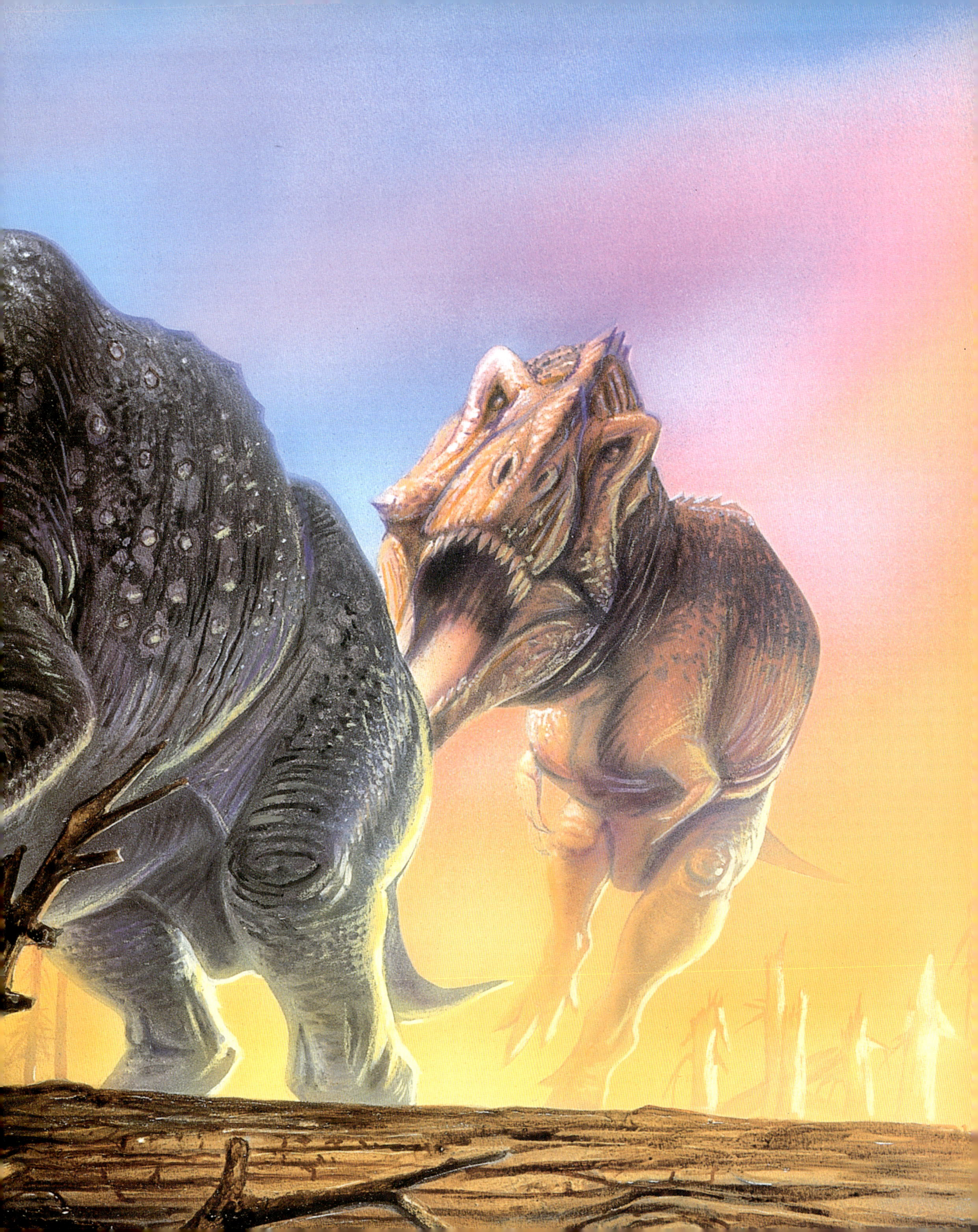

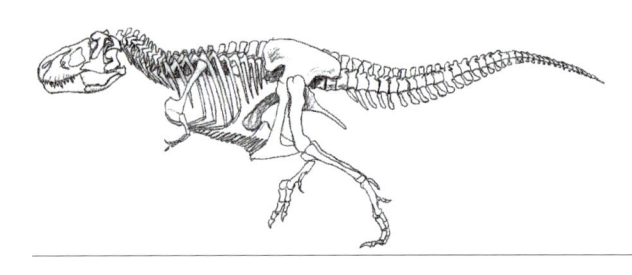

白亜紀後期

ティラノサウルス　*Tyrannosaurus*
[暴君のトカゲ]

分　類：　大型獣脚類
全　長：　10～15m（鼻から尾まで）

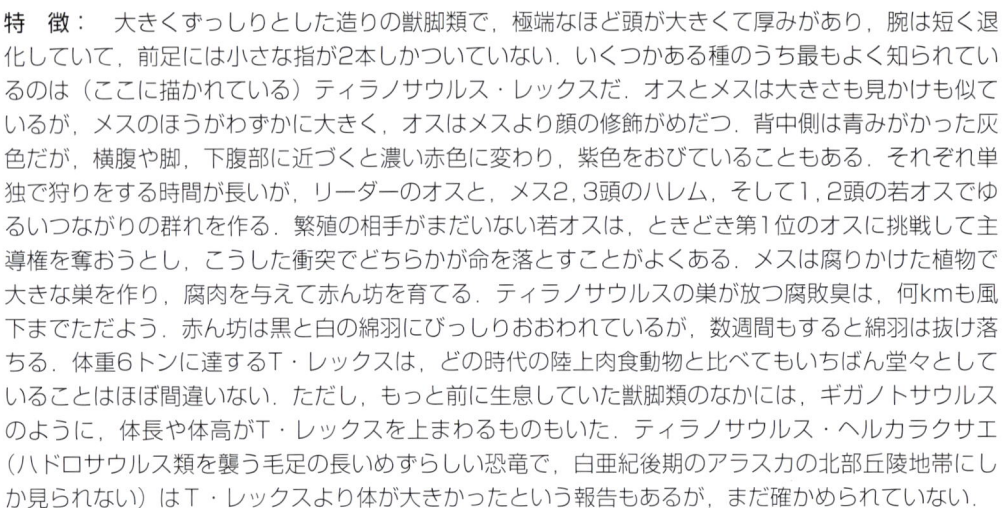

特　徴：　大きくずっしりとした造りの獣脚類で，極端なほど頭が大きくて厚みがあり，腕は短く退化していて，前足には小さな指が2本しかついていない．いくつかある種のうち最もよく知られているのは（ここに描かれている）ティラノサウルス・レックスだ．オスとメスは大きさも見かけも似ているが，メスのほうがわずかに大きく，オスはメスより顔の修飾がめだつ．背中側は青みがかった灰色だが，横腹や脚，下腹部に近づくと濃い赤色に変わり，紫色をおびていることもある．それぞれ単独で狩りをする時間が長いが，リーダーのオスと，メス2，3頭のハレム，そして1，2頭の若オスでゆるいつながりの群れを作る．繁殖の相手がまだいない若オスは，ときどき第1位のオスに挑戦して主導権を奪おうとし，こうした衝突でどちらかが命を落とすことがよくある．メスは腐りかけた植物で大きな巣を作り，腐肉を与えて赤ん坊を育てる．ティラノサウルスの巣が放つ腐敗臭は，何kmも風下までただよう．赤ん坊は黒と白の綿羽にびっしりおおわれているが，数週間もすると綿羽は抜け落ちる．体重6トンに達するT・レックスは，どの時代の陸上肉食動物と比べてもいちばん堂々としていることはほぼ間違いない．ただし，もっと前に生息していた獣脚類のなかには，ギガノトサウルスのように，体長や体高がT・レックスを上まわるものもいた．ティラノサウルス・ヘルカラクサエ（ハドロサウルス類を襲う毛足の長いめずらしい恐竜で，白亜紀後期のアラスカの北部丘陵地帯にしか見られない）はT・レックスより体が大きかったという報告もあるが，まだ確かめられていない．

習性と生息地：　木が茂った森林から広い緑地や氾濫原まで，おもに低地をかっ歩する，ほとんど恐いものなしの恐竜だ．獲物を追跡してしとめる捕食者だが，ねらう相手はもっぱらトリケラトプスやエドモントニアなど，動きが遅く，たいてい武装している恐竜なので，小型の獣脚類に比べると追跡のしかたはややゆるやかだ．これをおぎなうのが装甲をつらぬく歯だ．厚みのあるあごと短い首，たくましい背中と力強い後肢を持つティラノサウルスは，骨でもかみくだくことができる．その歯にはトリケラトプスの骨質のえり飾りに穴をあける力があり，採取された糞にはくだけた骨がたくさん含まれている．しかし，ティラノサウルスは勇ましいヒーローなどではなく，獲物が反撃すると，たいていしりごみする．

おとなのティラノサウルスと，柔毛におおわれた子供のティラノサウルス．

大口をあけるティラノサウルス．

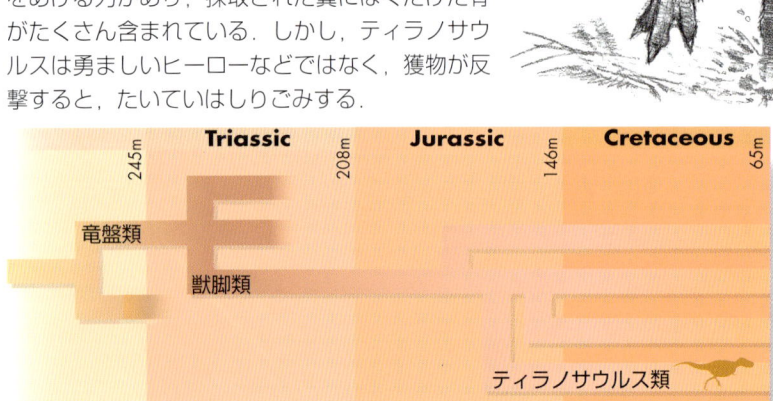

北アメリカ | 121

まどろむティラノサウルスの鼻の上に，小さな鳥の群れが集まっている．巨大な獣脚類は，歯や鼻孔，目のまわりのやわらかい皮膚についた寄生虫を鳥たちに取ってもらわなくてはならない．

たった今しとめたばかりの大きなハドロサウルス類，アナトティタンの死体を前に満足げなティラノサウルス．

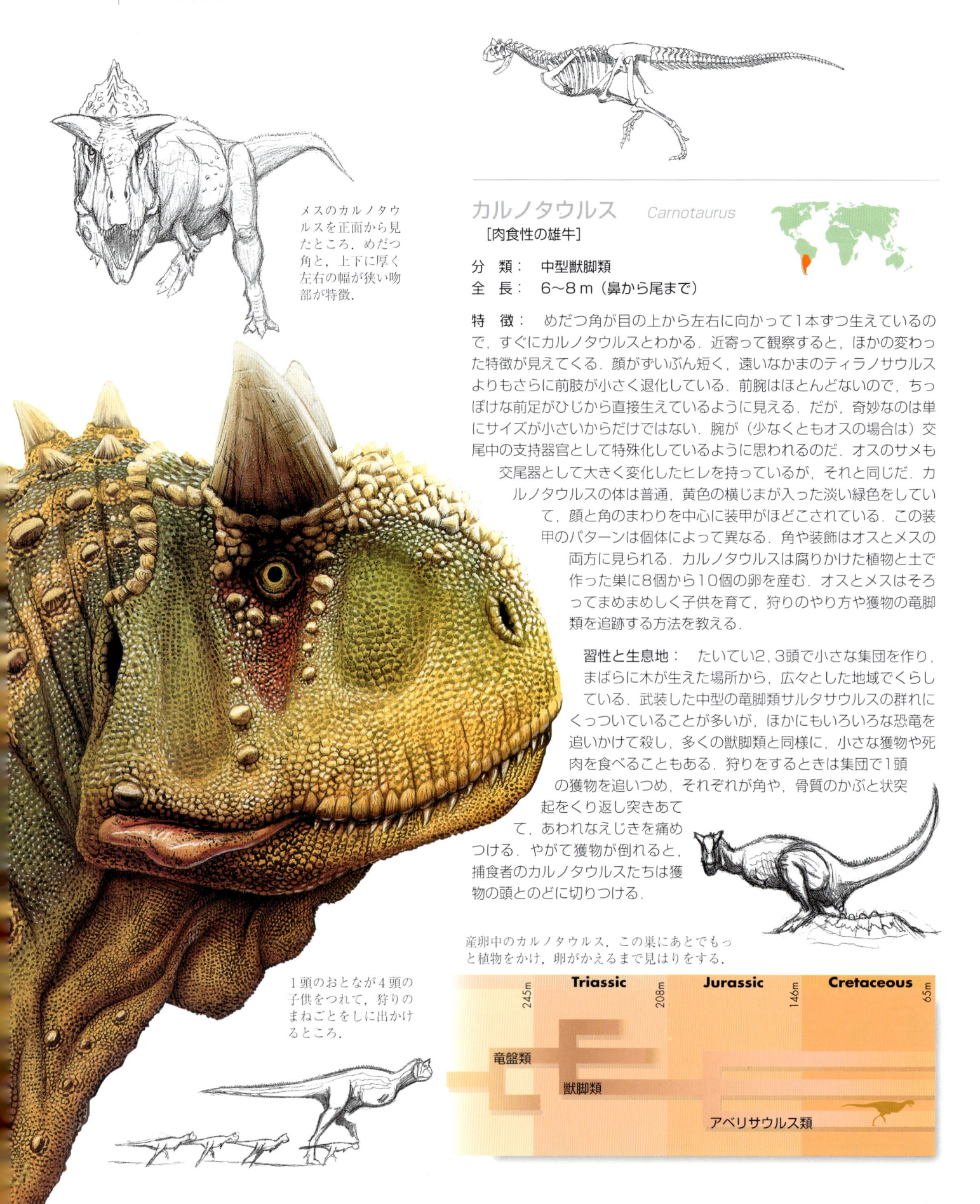

白亜紀後期

メスのカルノタウルスを正面から見たところ．めだつ角と，上下に厚く左右の幅が狭い吻部が特徴．

カルノタウルス　*Carnotaurus*
[肉食性の雄牛]

分　類： 中型獣脚類
全　長： 6～8m（鼻から尾まで）

特　徴：　めだつ角が目の上から左右に向かって1本ずつ生えているので，すぐにカルノタウルスとわかる．近寄って観察すると，ほかの変わった特徴が見えてくる．顔がずいぶん短く，遠いなかまのティラノサウルスよりもさらに前肢が小さく退化している．前腕はほとんどないので，ちっぽけな前足がひじから直接生えているように見える．だが，奇妙なのは単にサイズが小さいからだけではない．腕が（少なくともオスの場合は）交尾中の支持器官として特殊化しているように思われるのだ．オスのサメも交尾器として大きく変化したヒレを持っているが，それと同じだ．カルノタウルスの体は普通，黄色の横じまが入った淡い緑色をしていて，顔と角のまわりを中心に装甲がほどこされている．この装甲のパターンは個体によって異なる．角や装飾はオスとメスの両方に見られる．カルノタウルスは腐りかけた植物と土で作った巣に8個から10個の卵を産む．オスとメスはそろってまめまめしく子供を育て，狩りのやり方や獲物の竜脚類を追跡する方法を教える．

習性と生息地：　たいてい2,3頭で小さな集団を作り，まばらに木が生えた場所から，広々とした地域でくらしている．武装した中型の竜脚類サルタサウルスの群れにくっついていることが多いが，ほかにもいろいろな恐竜を追いかけて殺し，多くの獣脚類と同様に，小さな獲物や死肉を食べることもある．狩りをするときは集団で1頭の獲物を追いつめ，それぞれが角や，骨質のかぶと状突起をくり返し突きあてて，あわれなえじきを痛めつける．やがて獲物が倒れると，捕食者のカルノタウルスたちは獲物の頭とのどに切りつける．

産卵中のカルノタウルス．この巣にあとでもっと植物をかけ，卵がかえるまで見はりをする．

1頭のおとなが4頭の子供をつれて，狩りのまねごとをしに出かけるところ．

	Triassic	Jurassic	Cretaceous
	245m	208m	146m	65m

竜盤類
獣脚類
アベリサウルス類

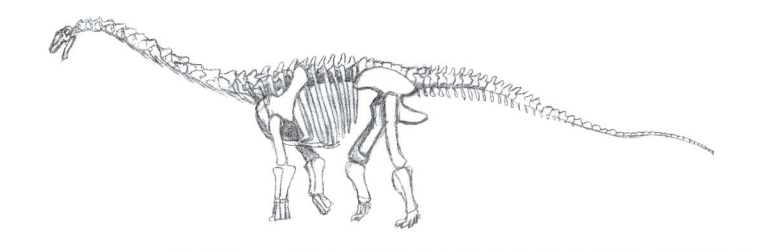

南アメリカ | 123

サルタサウルス　*Saltasaurus*
[サルタのトカゲ]

分　類：　装甲を持つ中型竜脚類
全　長：　10〜13m（鼻から尾まで）

特　徴：　最後の竜脚類の1つ．この恐竜を見分けるいちばんの特徴は厚ぼったい装甲だ．皮膚は灰白色から赤みをおびた色で，体の下側をのぞいて，全体に大きな骨質の装甲板が散らばっている．背骨にそって2列に並ぶ小さめの装甲板は，椎骨の神経棘を1つずつおおっている．顔の両側は厚い骨のマスクで保護されているが，上のほうはむきだしで，ふくらませることのできる鼻袋が見えている．この恐竜は群れを作る習性があり，さまざまな個体が入りまじった80頭にもなる集団でくらしている．群れのなかには，もっぱら血縁関係にもとづく社会構造が見られる．交配はたいてい同じ一族のあいだで行われるが，できるだけ血のつながりが遠い相手を選ぶ傾向がある．その際に，するどい嗅覚でとらえられたフェロモン信号に反応しているのはほぼ間違いない．メスは砂地を掘って，クレーターのような形のへこみを作り，そこへ40個から60個の卵を産む．かなりの数だが，そのうち孵化する卵は10個もないので，かえらなかった卵は，やや未熟で目も見えない生まれたての赤ん坊にとって，栄養たっぷりで手近なえさになると思われる．

習性と生息地：　生息地は，針葉樹がまばらに生えた見通しのよい林地から，雨の少ない低木地まで広がっている．サルタサウルスのえさはあまり豊かではなく，針葉樹の球果や葉が中心だが，土を掘って植物の根を探したり，死肉をあさったりすることもある．広々とした場所を好むので，捕食者の目につきやすく，嗅覚を利用して早めに危険を察知する必要がある．カルノタウルスやアウカサウルスのような大型獣脚類がやってくると，まだ距離が離れていても，サルタサウルスは営巣地を取り囲んで防御の隊形をとる．アウカサウルスはこの防御姿勢を逆に利用することを覚え，おとなの捕食者が注意を引きつけているあいだに，しま模様の頭を持った子供たちがこっそりとなかへ入りこみ，卵や赤ん坊を盗む．

尾を振りまわして威嚇しながら，けんかの構えをとるオスのサルタサウルス2頭．

子供のサルタサウルスの頭を横から見たところ．

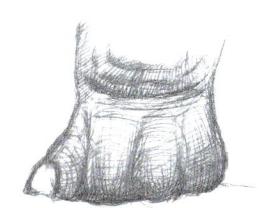

サルタサウルスの前足．

植物をむしり取っている，おとなのサルタサウルスの頭を横から見たところ．目のまわりに装甲があり，鼻の袋がふくらんでいるところに注目．

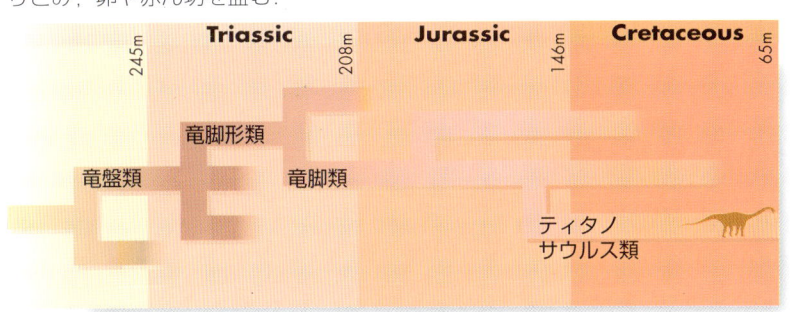

次ページ：　防御の輪をくぐり抜けてサルタサウルスの巣に近づく，子供のアウカサウルス．

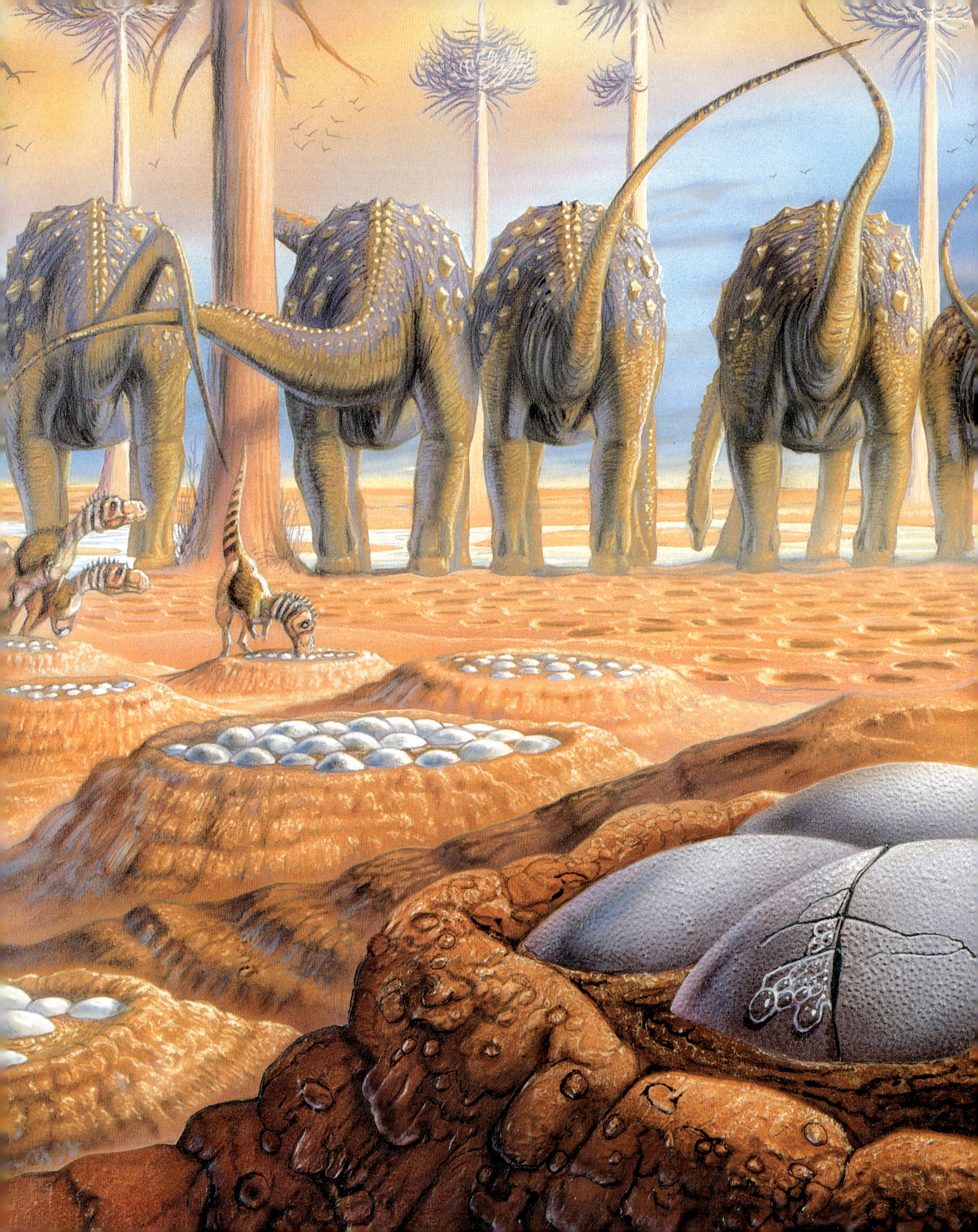

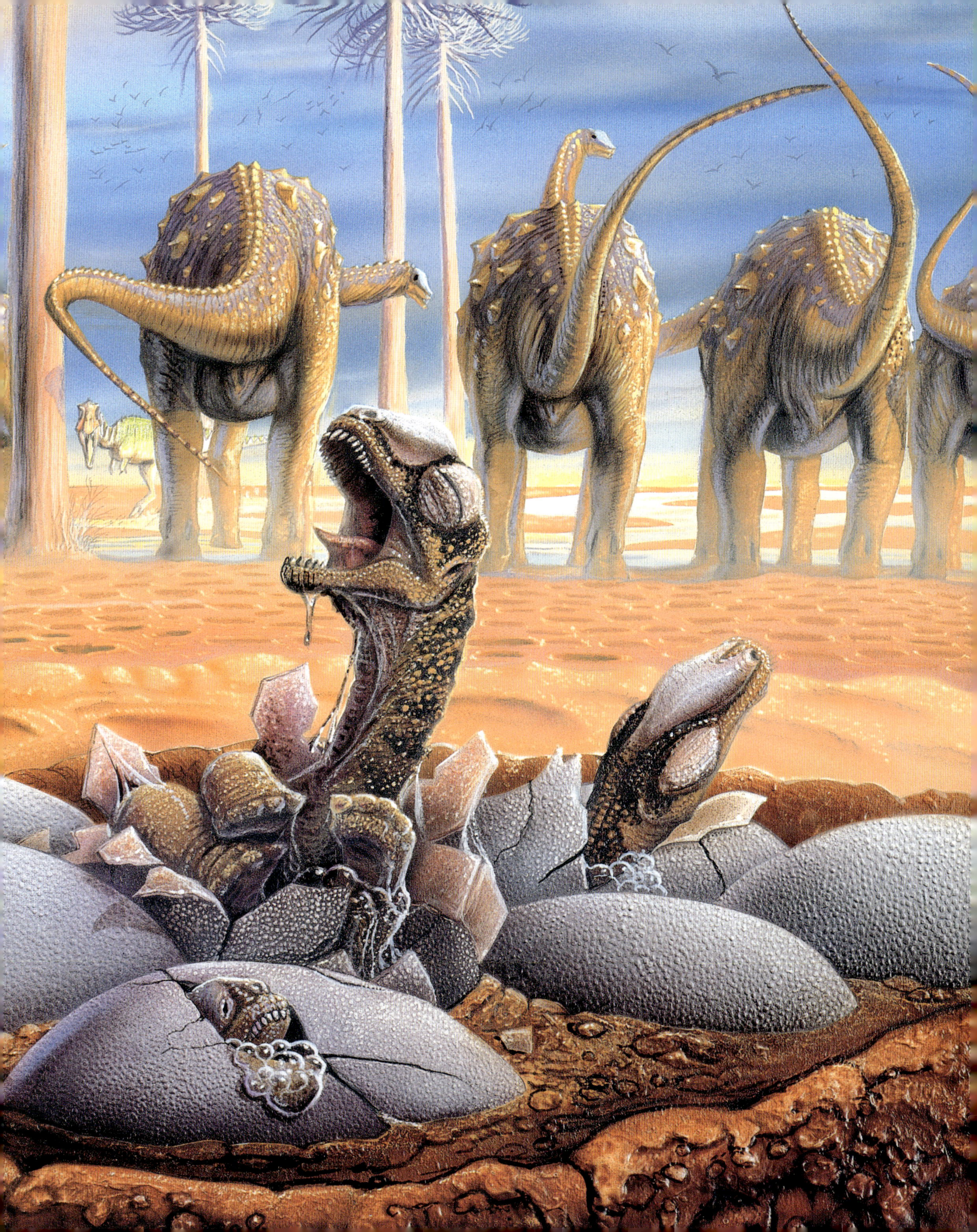

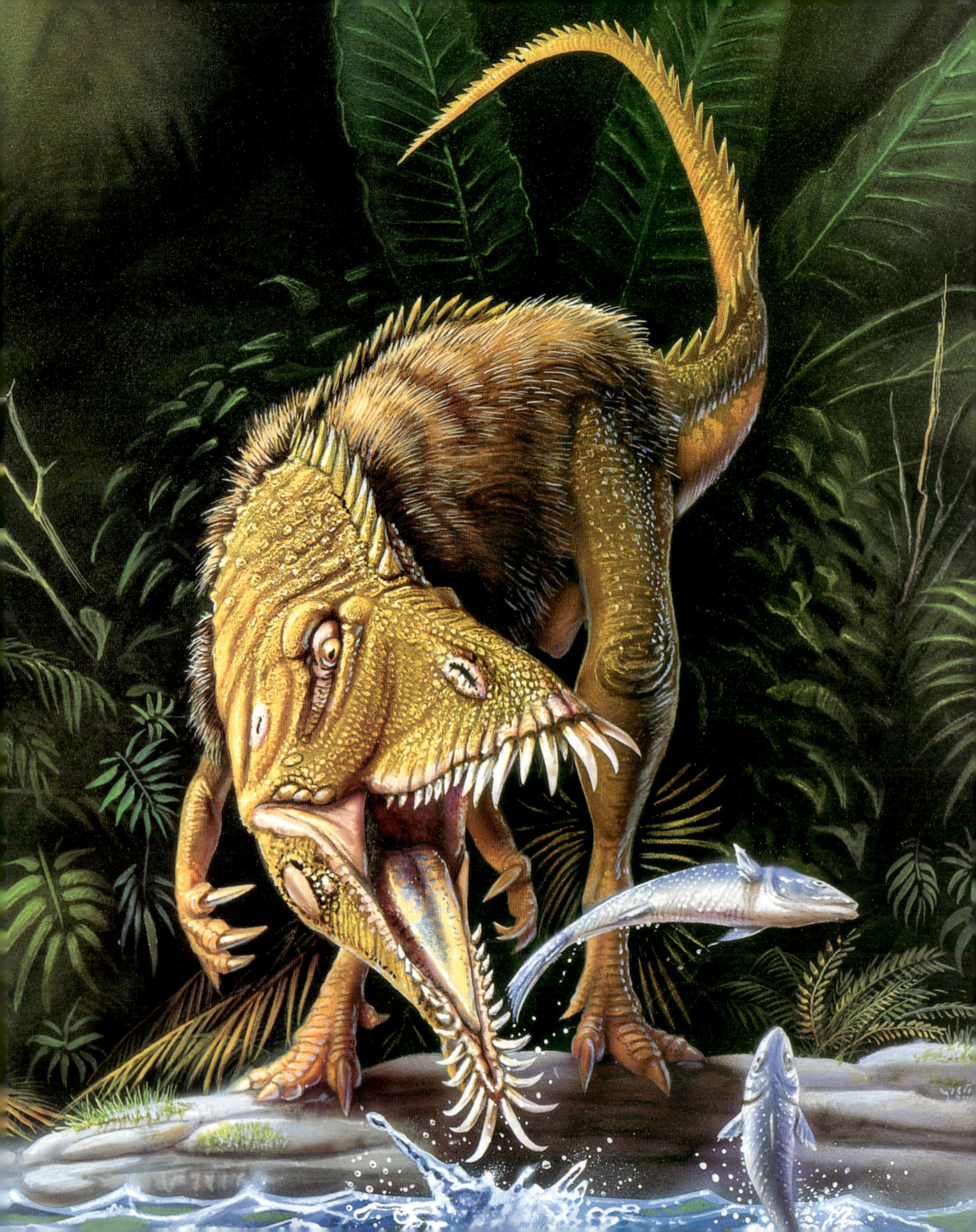

アフリカ | 127

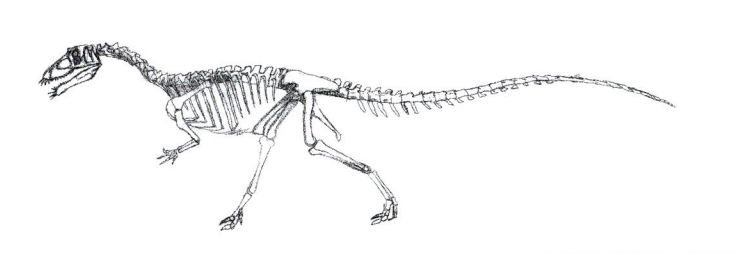

魚を追いかけて水にもぐるマシアカサウルス．

マシアカサウルス
Masiakasaurus
［悪いトカゲ］

分　類：　小型獣脚類
全　長：　1.5〜2ｍ（鼻から尾まで）

特　徴：　灰色から淡い緑色の恐竜で，茶色がかった毛状羽が体をうすくおおっている．いちばんの特徴は歯だ．獣脚類にしてはめずらしく，大きいものから小さいものまでサイズが幅広く，非常に大きな歯が鼻先へ向かって突きでている．うす明かりで活動する習性があり，きわめて用心深いので，すべての恐竜のなかで最も目につきにくい種類だ．生きている姿を観察された例は10回もない．それも決まって遠くからで，夜遅く，流れの速い川の岸や急流のなかにある大きな岩で目撃されている．死骸の胃のなかにあったものを調べ，独特の歯の生え方を考えあわせると，この恐竜はほとんど魚だけをえさにしているように思われる．泳ぎが得意なので，少しでも不安を感じると水にもぐりこむか，深い森のなかに閉じこもる．社会生活や性生活については何もわかっていない．ある自然観察者が（たぶん空想をまじえて）「苦しい悲鳴をあげるエレキギター」にたとえた，キツネに似た不気味な声は，この恐竜の鳴き声だといわれている．

習性と生息地：　この恐竜は白亜紀後期のマダガスカルで独自に進化した風変わりな動物相に含まれ，ゴンドワナでしか確認されていないアベリサウルス類という獣脚類グループに属している．別のアベリサウルス類である大型獣脚類マジュンガトルスも，ここにしか見られない．マダガスカル特有の動物としては，これ以外にもラホナヴィスのようなめずらしい鳥類がいくつか知られている．同じ頃，世界のほかの地域には，ハドロサウルス類などの鳥脚類がたくさんいたが，ここにはいないので，植物食の変わったワニ類やラペトサウルスのようなティタノサウルス類の大型竜脚類など，別種の植物食動物に繁殖の機会が残された．

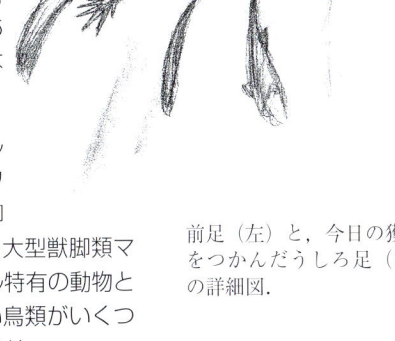

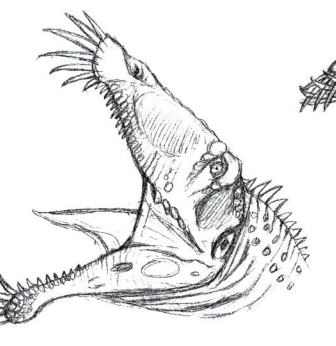

前足（左）と，今日の獲物をつかんだうしろ足（右）の詳細図．

頭と歯の詳細図．口をいっぱいにあけたところ（左）と，口を閉じたところ（上と左上）．図を見ると，口を閉じたときの歯の状態がわかる．

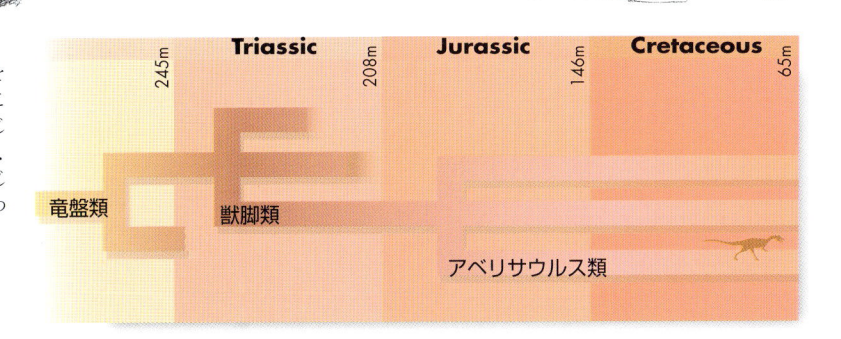

	Triassic	Jurassic	Cretaceous
	245m　　　208m	146m	65m

竜盤類
獣脚類
アベリサウルス類

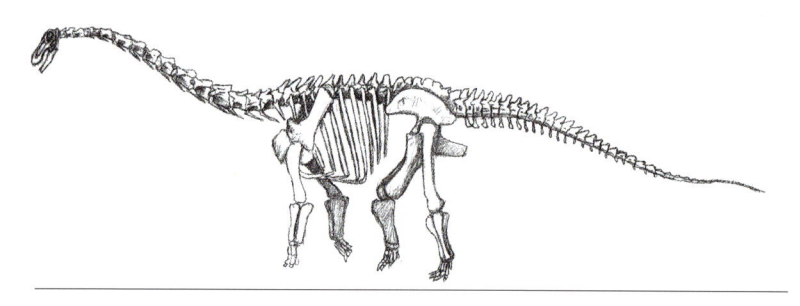

128 | 白亜紀後期

ラペトサウルスの頭を横から見た詳細図.

ラペトサウルス   *Rapetosaurus*
[ラペトのトカゲ]

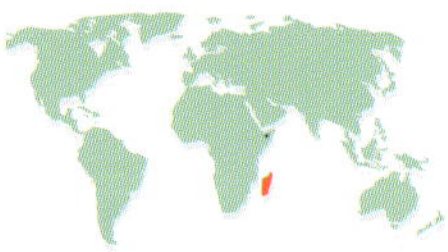

分　類： 中型竜脚類
全　長： 12〜17ｍ（鼻から尾まで）

特　徴：　中型で軽い造りの竜脚類で，体つきや細長い頭骨はディプロドクスに似ているが，実は，竜脚類でいちばん最後にあらわれて最も繁栄したティタノサウルス類のなかまだ．皮膚は赤みをおび，腹部と横腹，四肢の上部にピンク色のはん点がついている．首と体の上側にある骨質の装甲板は，紫色がかった黒色をしている．この時代の竜脚類としてはめずらしく，大きな群れを作らずに，単独か，2，3頭のグループで生活している．春に交配したあと，メスは20個にもなる卵を産むが，そのうちかえるのはほんの数個だ．メスは4週間から5週間におよぶ抱卵期のあいだ，えさを食べない．卵からかえった赤ん坊はあっというまに成長し，すぐに母親についてえさ探しに出かける．

習性と生息地：　この恐竜は，うっそうとした密林から，川ぞいにのびる森林，木がいくらか生えた緑地や湿地など，いろいろな環境で見つかる．背の低い植物ややわらかな木の芽を食べ，ほとんどの時間をマングローブが生える湿地の泥のなかを歩きまわって過ごす．ティタノサウルス類は竜脚類の進化が最高潮に達した最後の時期の恐竜で，白亜紀後期の竜脚類はほとんどすべてこのグループに属している．世界のほかの地域で，ティタノサウルス類は角竜類やハドロサウルス類と競いあっていたが，マダガスカルは孤立しているので，ラペトサウルスのライバルになる植物食動物はほとんどいなかった．こうした環境のおかげで，ラペトサウルスはどんな場所の植物でも食べられるようになった．ラペトサウルスにとって最大の敵は，アベリサウルス類の大型獣脚類マジュンガトルスで，その攻撃からのがれるために，ラペトサウルスは木が生い茂った森や湿地にかくれている．

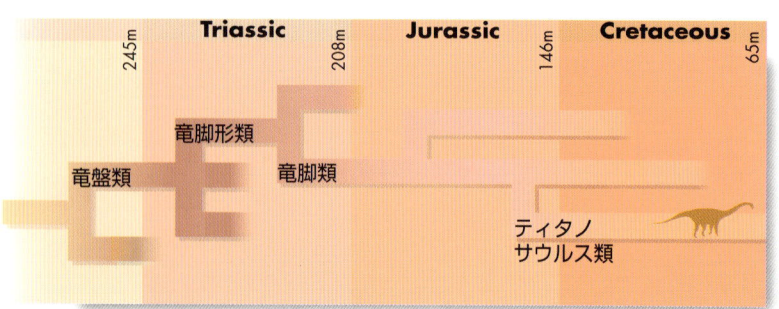

アフリカ | 129

泳いでいるラペトサウルスの上に乗って移動する，原始的な鳥類ラホナヴィスの群れ．

ラペトサウルスの背中に見られる骨質の装甲板の詳細図．

ワニ類マジュンガスクスに驚く竜脚類の集団．水辺に近寄りすぎた1頭が鼻先をかまれている．

アベリサウルス類の獣脚類マジュンガトルスに襲われるラペトサウルス．

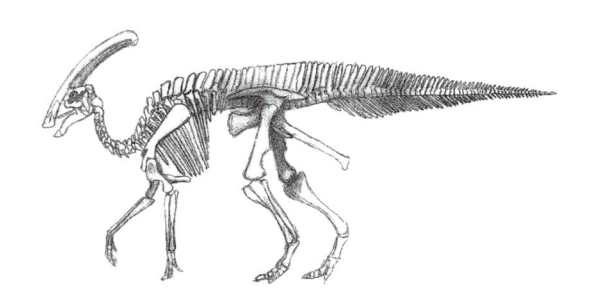

130 | 白亜紀後期

移動中のカロノサウルスの群れ.

カロノサウルス　*Charonosaurus*
[カロンのトカゲ]

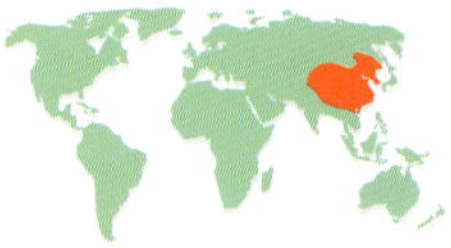

分　類：　トサカを持つ大型のハドロサウルス類
全　長：　9〜13m（鼻から尾まで）

特　徴：　大型のハドロサウルス類で，この種類では最後で最大のなかま．くすんだ緑がかった色で，吻部に赤いはん点がある．トサカは黒色だが，そこから旗のようにたれさがって首につながる皮膚は赤色で黒いふちどりがある．最大のものはティラノサウルス・レックスより体が長く，近いなかまのパラサウロロフスの1.5倍にもなる．これより大きいのは別のハドロサウルス類，シャントゥンゴサウルスだけだ．巨大なトサカはこの恐竜を見分ける明らかな特徴で，パラサウロロフスのものに似ているが，トサカ自体の大きさも，体に対する大きさも，カロノサウルスのほうがまさっていてぶ厚く，長さが2m以上もある．トサカに加え，この恐竜は椎骨に長い神経棘を持っているため，「丈が高く」見える．かなり長い前肢は4足歩行の生活に適しているが，必要なときは，うしろ脚で歩いたり走ったりできる．すべてのハドロサウルス類と同様に，大勢集まってにぎやかに過ごす習性があり，老若男女が入りまじって500頭以上にもなる群れを作る．交配は入り乱れた状態で行われ，オスはメスの気を引こうと騒々しくディスプレイを見せる．メスは精子を貯精嚢という体内の精子貯蔵器官にためこむので，1回につき10個から20個産まれる卵の父親はばらばらだ．

習性と生息地：　針葉樹がたくさん生えた暗い森や，植物がうっそうと生い茂る湿地でたいてい見つかる．典型的なハドロサウルス類の特徴である複雑な歯群は，繊維の多い針葉樹の葉や球果も簡単にかみつぶせる．目が悪いが，弱い視力をおぎなってあまりあるほど耳がよく，また，その聴力にふさわしいみごとな鳴き声を発して，非常に繊細で，しかも力強い「歌」を歌うことができる．この歌が響き渡るのは，鼻筋の隆起によるところが大きい．このなかには鼻孔に通じる大きな空洞がある．インド音楽の「ラーガ」に似た歌は，この種が持つ10オクターブの音域に広がり，ピッコロや，まるでコウモリのようなさえずりから，大地を揺るがす低音まで出せる．精密な機械で録音した音を聴くと，この歌には遺伝によって受け継いだ部分と，学び取った部分があり，それぞれの一族に固有の特徴がある．

のど袋をふくらませてメスにディスプレイを見せる，オスのカロノサウルス（右）．

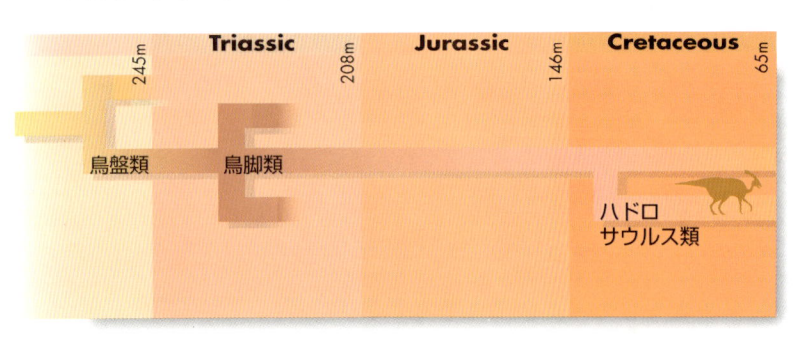

同時代のハドロサウルス類，コリトサウルスの頭．

アジア | 131

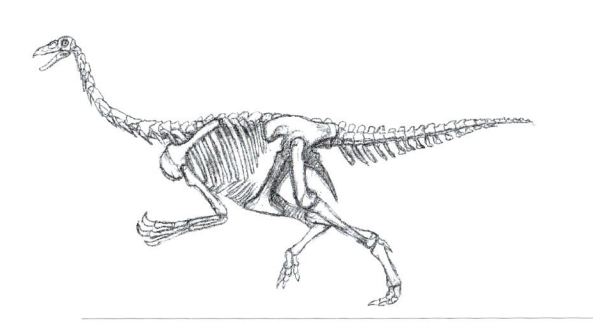

デイノケイルス *Deinocheirus*
[おそろしい手]

分　類： 大型の植物食獣脚類
全　長： 7〜12ｍ（鼻から尾まで）

特　徴： テリジノサウルス類とは区別しにくいかもしれないが，ほかの恐竜と見間違えるはずはない．この巨大な恐竜は，オルニトミムスやガリミムスの遠縁で，ダチョウとキリンとナマケモノをあわせたような特徴を持っている．体は青みがかった灰色で，背中と首，のどにはっきりとした赤い模様がついている．胸と腹は幅が広く，尾はやや短めで，足はたくましい．最もめずらしい特徴はその腕で，体のほかの部分と釣り合いがとれないように見える．腕についた恐ろしいかぎ爪は，小さな頭や歯のないあごに対してかなりめだつ．デイノケイルスは家族で小さなグループを作ってくらし，2家族が出会うとたいてい大きな騒ぎが起きる．オスは集団求婚場で繁殖の相手になる候補者にディスプレイを見せ，腕で威嚇のポーズを示す（右上のイラストを参照）．このとき，両方の前足のかぎ爪が激しくぶつかりあって，ガチャガチャという耳ざわりな衝撃音をたてる．この音はかなり遠くまで響き，ある自然観察者の話では「地獄のカスタネット」のように聞こえるという．オスとメスは大きな木の下に巣を作り，交代で卵を温める．赤ん坊は，腕と脚の長さが同じで，ものをつかめる長い尾もついているので，生まれていくらもたたないうちから上手に木によじのぼれる．そして，ナマケモノのように木の枝にぶらさがって移動することを覚え，若い木の芽を食べたり，鳥類や翼竜類の卵を盗み取ったりする．

習性と生息地： この恐竜は深い森から，木がいくらか生えた緑地まで，さまざまな森林地にすみ，その腕を使って枝をあごの位置まで引き寄せて食べる．こうすると木がかなり傷むが，大きな植物食動物が定期的に破壊することで，森林が健全な状態に保たれると考えられている．デイノケイルスが食べるのはほとんど葉だけで，これをそ嚢や胃のなかで共生細菌の力を借りながらゆっくりと消化する．見かけはぶかっこうだが，デイノケイルスに敵はいない．大きな体と巨大なかぎ爪を恐れて，大型の獣脚類や角竜類でさえ，たいてい，なぐられない位置まで遠ざかっている．

えさを食べるデイノケイルスを，同じ縮尺のヒトと並べた図．

腕をおろしているデイノケイルスを，前から見たところ．

デイノケイルスの腕（左）とテリジノサウルスの腕（右）の比較．テリジノサウルスも植物食の獣脚類で，腕が長い．デイノケイルスはものをつかむカギのような長い腕を持っているのに対して，テリジノサウルスの腕はもっと鳥類に近い形をしている．

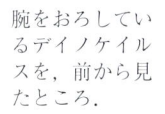

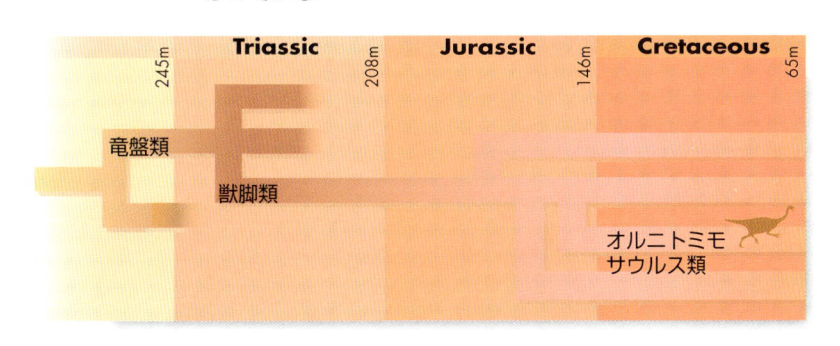

かぎ爪で植物をはぎ取るデイノケイルス．

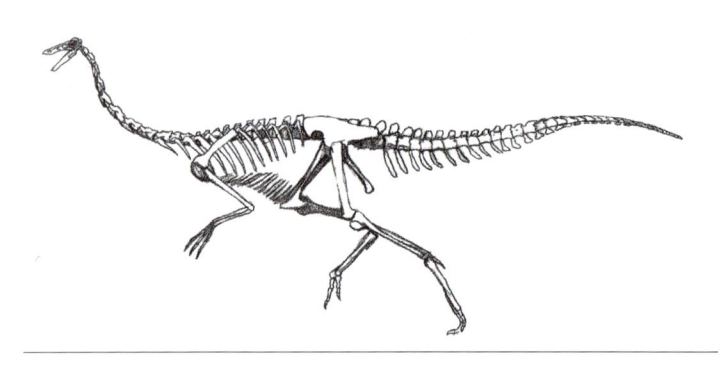

白亜紀後期

ガリミムス　*Gallimimus*
[ニワトリもどき]

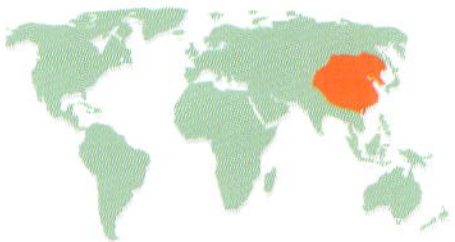

分　類：　オルニトミモサウルス類の大型獣脚類
全　長：　4〜6ｍ（鼻から尾まで）

特　徴：　オルニトミモサウルス類はさまざまな「ダチョウもどき」恐竜のグループで，長い首と尾，小さな頭と大きな目を持った，軽くて足の速い獣脚類だ．一部の種では，歯のかわりに角質のクチバシがある．ガリミムスは巨大なデイノケイルスに次ぐ，最大級のオルニトミモサウルス類だ．特徴のある色あざやかな体をしたガリミムスは，赤と茶色の派手なしま模様に，白い羽毛でできた，めだつたてがみをつけている．顔は白い羽毛でくるまれ，頭のてっぺんに黒い飾り羽が生えている．クチバシはたいていまっ赤だが，ガリミムスの種によって違いがある．ここに描かれているのはガリミムス・ブラトゥスで，集団を好む習性があり，2000頭にも達する群れを作る．ただし，この数は極端な例だ．オスとメスは一生同じつがいで過ごし，大きな集団繁殖場で巣を作って，砂地を掘ったところへ6個から8個の小さな青色の卵を産む．その後，オスとメスは交代で卵を温める．赤ん坊はクリーム色の綿羽でおおわれているが，綿羽はすぐに抜け落ちる．また，赤ん坊は卵から産まれるとすぐに歩いたり走ったりできる．

習性と生息地：　木がまばらに生えた緑地から半砂漠の低木林で，集団生活をしている．雑食性で，トカゲ類や小さな哺乳類，鳥類，両生類，死肉などを食べる．春には，短いあいだだけあらわれる浅い湖のまわりに集まり，水のなかへ入って歩きまわり，この季節にたくさんとれる小エビや小さな魚をつかまえる．ガリミムスにとっていちばんの敵はティラノサウルス類のタルボサウルスだが，足が速いので，待ちぶせでもされないかぎり，簡単に走って逃げることができる．最速の恐竜ではないが，ガリミムスは時速50 kmから70 kmのスピードを出せる．

木の芽を食べるために枝を下へ引っぱるガリミムス．

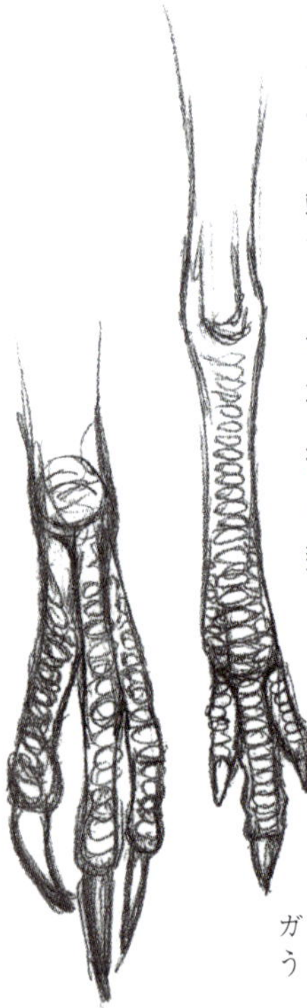

ガリミムスの前足とうしろ足の詳細図．

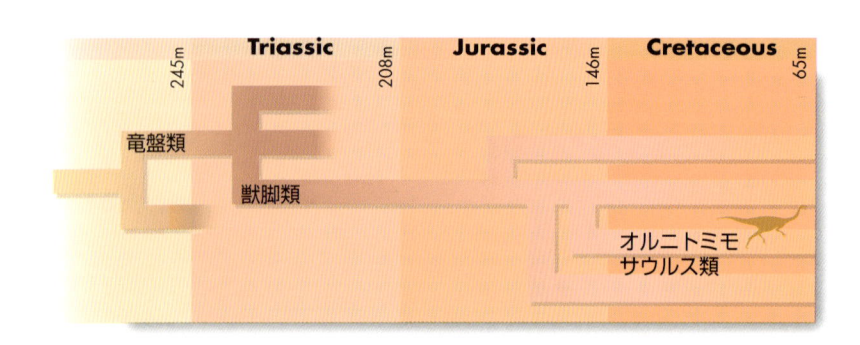

アジア | 133

低木のあいだにひそんでいた子供のタルボサウルスに驚く，3頭のガリミムス．

短いあいだだけあらわれる池に入り，フラミンゴのようなやり方で昆虫の幼虫を食べる雑食性のガリミムス．

134 白亜紀後期

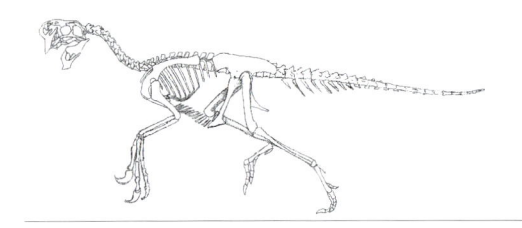

オヴィラプトル　Oviraptor
[卵泥棒]

分　類：　オヴィラプトロサウルス類の小型獣脚類
全　長：　1.5〜2.5 m（鼻から尾まで）

特　徴：　手足が長くて身軽な体型の獣脚類．頭の形が変わっているので，すぐに見分けられる．頭は短くて上下に厚みがあり，あごが角質のするどいクチバシに変わっていて，口を大きくあけることができる．明るい青色の顔に，目を引く赤いトサカがついている．かなり似通った近いなかまの恐竜が何種類かいるが，右のイラストはオヴィラプトル・フィロケラトプスだ．この恐竜は黄色から灰色の羽毛にしっかりとおおわれ，腕と尾には灰かっ色の長いふさ毛が生えている．腕は長く，指には非常に長いかぎ爪がついている．多くの獣脚類と同じように，複雑な社会生活を送り，オスはメスに騒々しくいっせいにディスプレイを見せる．オスとメスはつがいで巣作りをするが，どちらも別の相手とも交尾しようとする．必ずとはいえないが，卵はたいていメスが温める．1腹で7，8匹になる晩成性の赤ん坊を，オスとメスがともに世話をし，なかば消化されたどろどろの死肉をはき戻して与える．

習性と生息地：　オヴィラプトル・フィロケラトプスは，広々とした半砂漠の低木地で見つかる．現在のセレンゲティ平原で，シマウマとヌーがいっしょにいるように，オヴィラプトル・フィロケラトプスの近くには角竜類プロトケラトプスの群れがいる．また，この2種類の恐竜は巣もたがいに近い場所に作る．オヴィラプトルは動きがすばやく，敏感でかしこいので，タルボサウルスやヴェロキラプトルのようなほかの獣脚類が攻撃してきたときに，いち早く警告を発することができる．オヴィラプトルは恐竜のシュヴウイアや，トカゲ類，ヘビ類，鳥類など，小さな獲物をつかまえて食べるが，特に好きなのは小型の哺乳類だ．活発に動く時間帯は獲物と同じ夕方や早朝で，こうした食べ物の好みを考えると，この小型で変わった恐竜は，卵を盗むおそれのある小さな害獣から共同営巣地を守る働きをしているのかもしれない．

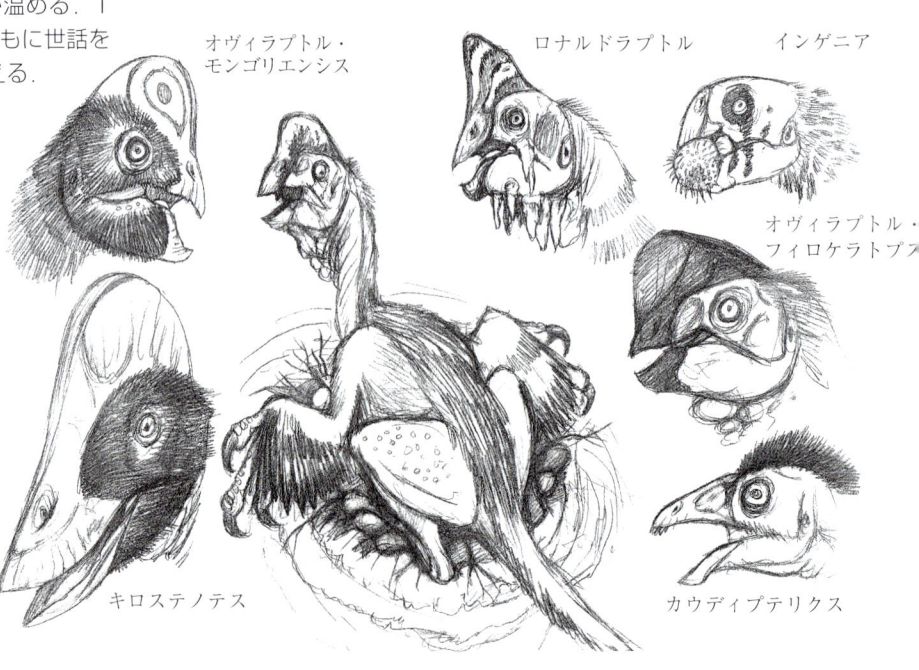

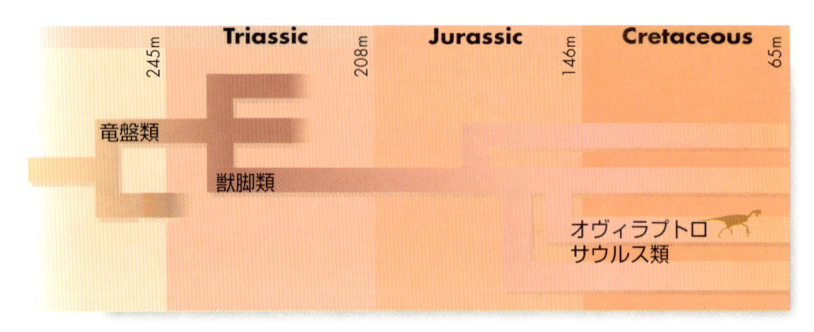

巣についているオヴィラプトル・フィロケラトプス．比較のために，さまざまなオヴィラプトロサウルス類の頭を周囲に描いた．上から時計回りに，ロナルドラプトル，インゲニア（トゲのついた果物をくわえている），オヴィラプトル・フィロケラトプスのクローズアップ，カウディプテリクス，キロステノテス，オヴィラプトル・モンゴリエンシス．

アジア | 135

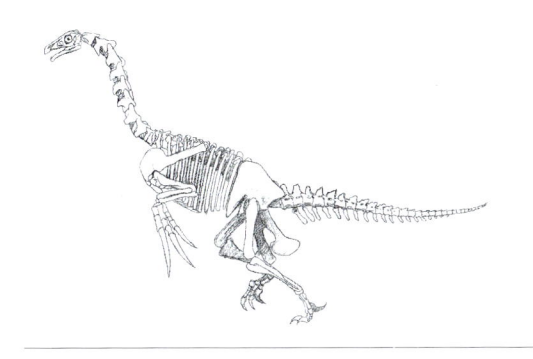

クチバシと長いかぎ爪を使って木の幹の皮をはぎ,白い木質や菌類,昆虫をむきだしにするテリジノサウルス.

テリジノサウルスが鼻先で木に穴を掘る様子を描いた詳細図.

テリジノサウルス *Therizinosaurus*
[大鎌のトカゲ]

分　類：　大型の植物食獣脚類
全　長：　9〜13ｍ（鼻から尾まで）

特　徴：　胴体がぶ厚い2足歩行の大きな恐竜で,首が長く,厚みのある尾やたくましい尻に比べて,頭が極端に小さい.脚は太く,うしろ足に指が4本生えている.前足には指が3本あり,それぞれに長さ1ｍ近くの恐ろしいかぎ爪がついている.これは今までに知られているどの動物のものよりも長い.腕を折り曲げると,鳥類のつばさのように体にくっつき,手首が大きく回転する.色は種によってかなり違うが,たいていは身を隠すためのしま模様がついている.交配の際には,まずオスどうしが騒々しくディスプレイを競いあい,うしろ足で立って相手を威嚇したあと,かぎ爪で攻撃を加えるが,あまり深く傷つけはしない.オスとメスは泥や倒木を使って地面に巣を作り,円筒形に近い縦長の卵を6個から8個温める.たぶん,すべての恐竜のなかで最も奇妙な見かけをしているので,別の恐竜と見間違えることはない.もしあるとすれば,巨大なオルニトミモサウルス類のデイノケイルスぐらいだ.類縁関係はあるが,テリジノサウルス類は白亜紀前期の（もっと小さい）ベイピアオサウルスも含めて,はっきりと区別できるグループを作っている.

習性と生息地：　さまざまな環境にすんでいるが,やや荒れた湿地の森林で見かけることが多い.右のイラストに描かれているタルボサウルスなどが,数少ない敵だが,こうした捕食者に出会うと,かぎ爪を使って威嚇する.しかし,かぎ爪のいちばんの使い道は,高い枝をあごが届くところまで下げたり,木の幹から樹皮をはぎ取ることだ.テリジノサウルスは植物の葉や腐った木,腐葉土,菌類,昆虫,ぜん虫類や,森のさまざまな有機堆積物を食べ,細菌類や菌類のほか,たくさんの腸内共生生物の助けを借りて消化する.実際に巣をこわすところはまだ目撃されていないが,かぎ爪は,シロアリの巣をこわしてあけるのにも使われると考えられている.テリジノサウルス類はセルロースを消化するぜん虫類と共生関係をきずき,胃腸のなかにすまわせている.くわしく観察すると,このぜん虫類は,実は大きく退化したシロアリ類で,テリジノサウルスの胃腸からしか見つかっていない種類であることがわかる.これだけ大量のセルロースを消化すると,かなりのメタンが生じるが,雷にうたれたテリジノサウルス類が爆発し,青い火の玉になったというのは,おそらく作り話だろう.

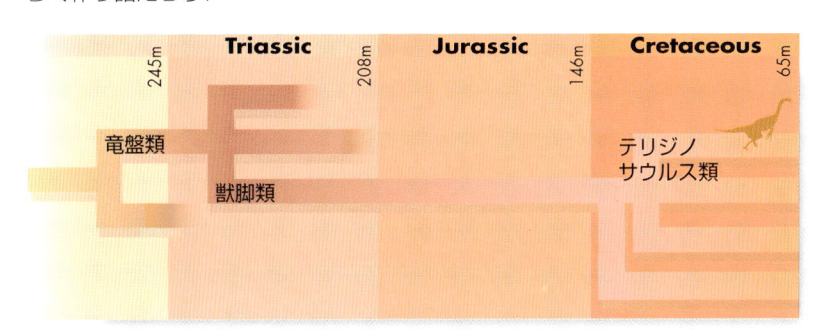

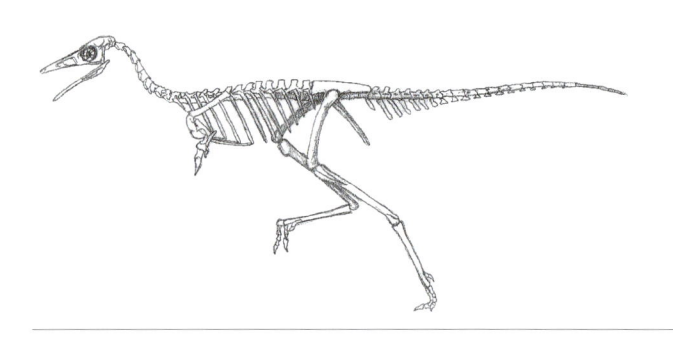

136 | 白亜紀後期

シュヴウイア　*Shuvuuia*
[鳥]

分　類：　羽毛のある小型獣脚類
全　長：　30～60cm（鼻から尾まで）

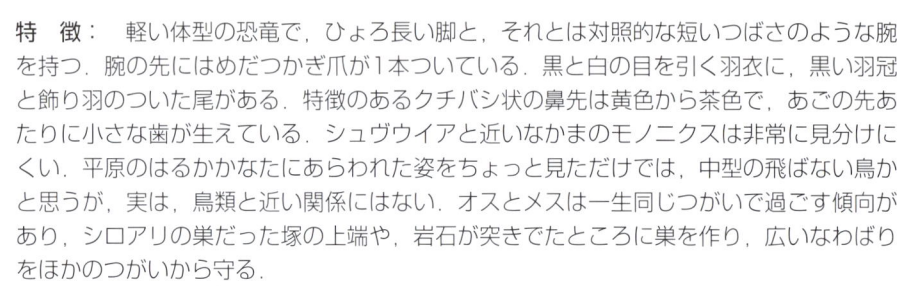

特　徴：　軽い体型の恐竜で，ひょろ長い脚と，それとは対照的な短いつばさのような腕を持つ．腕の先にはめだつかぎ爪が1本ついている．黒と白の目を引く羽衣に，黒い羽冠と飾り羽のついた尾がある．特徴のあるクチバシ状の鼻先は黄色から茶色で，あごの先あたりに小さな歯が生えている．シュヴウイアと近いなかまのモノニクスは非常に見分けにくい．平原のはるかかなたにあらわれた姿をちょっと見ただけでは，中型の飛ばない鳥かと思うが，実は，鳥類と近い関係にはない．オスとメスは一生同じつがいで過ごす傾向があり，シロアリの巣だった塚の上端や，岩石が突きでたところに巣を作り，広いなわばりをほかのつがいから守る．

習性と生息地：　雨の少ないサバンナから砂漠の周辺にすみ，おもに昆虫をえさにしている．うしろ足と，前足の強力なかぎ爪でシロアリの巣をこわし，なかにいるシロアリをさそい出して襲う．前足のかぎ爪は，木の樹皮をはいで，その下にいる昆虫を掘り出すときにも役立つ（テリジノサウルスの項目を参照）．体に羽毛がたくさん生えているのでかまれる心配をせずに，トゲのついたとても長い舌を利用して昆虫をがつがつと食べる．また，消化しかけた昆虫を丸いかたまりのまま筋胃のなかにたくわえ，あとで赤ん坊に食べさせることができる．いちばんの敵は，オヴィラプトルやヴェロキラプトルのような小型獣脚類で，襲撃されたときには全速力で走り，イカがすみをはくように，追いかけてくる敵の顔に向けて土をけりあげるのが唯一の防御手段だ．この恐竜は短いつばさを使って勢いをつけ，シロアリの塚の急斜面をかけのぼることができる．

シュヴウイアの卵の詳細図．

太くて短い前肢には大きな指が1本だけあり，そこからたくましいかぎ爪が生えている．

シュヴウイアに特有の「木にだきつく」習性．こうして木の皮をはぎ取って，昆虫を探す．

交尾中のシュヴウイア．

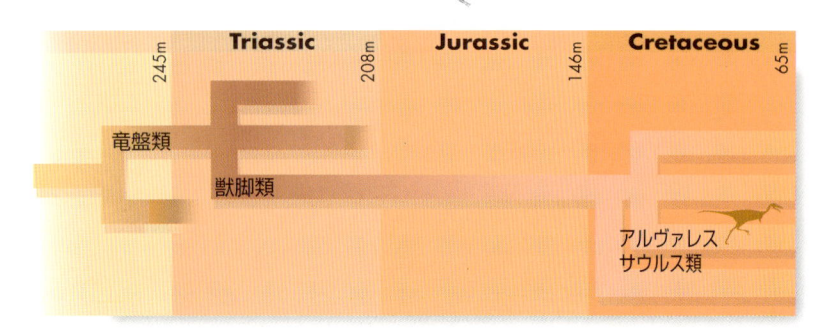

アジア | 137

使われていないシロアリの塚に穴を掘って,巣を作るメス.

土けむりをあげ,追いかけてくる捕食者から逃げようとするシュヴウイア.

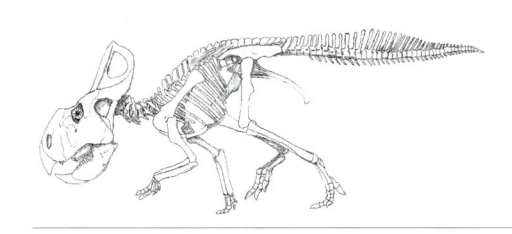

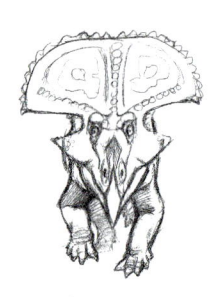

プロトケラトプス　*Protoceratops*
[最初の角を生やした顔]

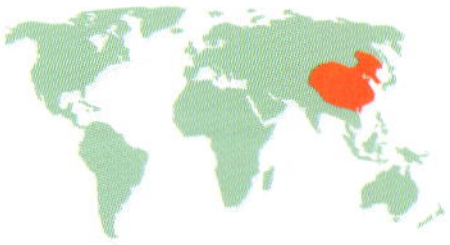

分　類：　小型角竜類
全　長：　1.5〜3m（鼻から尾まで）

特　徴：　大きさも姿形や気性も大きなブタのようで，樽のようにふくれた胴体に，短くてたくましい脚と幅広の尾を持っている．すべての角竜類と同じように，骨質板に飾られたえり飾りが頭の上に広がっている．このえり飾りは，メスよりオスのほうがめだつ．オスは鼻にも角があり（メスの場合は角が小さいか，ついていない），顔に牙が生えている．また，オスもメスも非常にがんじょうでオウムのものに似たクチバシを持っている．体の色はむらのない赤茶色だ．この恐竜は必ず大きな群れで見つかり，その数は200頭から300頭にも達する．よく見ると，こうした群れは，1頭のオスをリーダーにしたメスと亜成体のグループに分かれていることがわかる．独身の若オスは交尾のチャンスを求めて群れのあいだを歩きまわり，ときにはリーダーのオスに挑戦して激しく頭突きをかわすことがある．北アメリカにすむなかまのズニケラトプスと同じように，プロトケラトプスは共同で巣作りをする習性があり，泥と植物で大きなクレーターのようなへこみを作る．そのあいだに割りこむように，獣脚類オヴィラプトルのもっと小さな巣が見つかる場合もある．

習性と生息地：　プロトケラトプスはたいてい乾いていて広々とした地域にすみ，かたい植物や根，ときには死肉をえさにしている．大群で行動し，卵を1か所に集中して産むので，めいわくな訪問客がいろいろ引き寄せられてくる．そのうち小型のものは，プロトケラトプスの群れに必ずついてまわるオヴィラプトル集団の近くで目撃される．タルボサウルスなど大きめの捕食者は，オスのプロトケラトプスが力をあわせて，重装歩兵の密集軍のように追いはらうが，ヴェロキラプトルなど小型の獣脚類なら，いかめしい顔つきのオスが断固として応戦すれば，1頭だけで打ち負かせる（右のイラストを参照）．

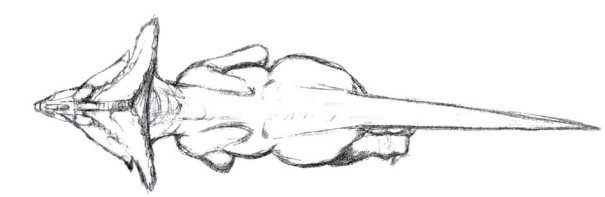

プロトケラトプスを正面と横，背中側から見たところ．

攻撃してくる相手に対して，ひるまず立ち向かうオスのプロトケラトプス．

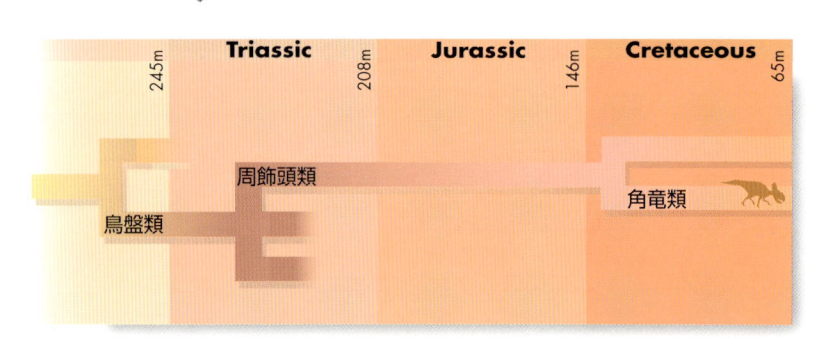

アジア | 139

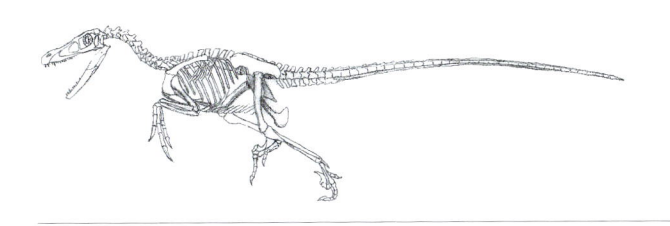

ヴェロキラプトル　*Velociraptor*
[すばやい略奪者]

分　類：　小型獣脚類
全　長：　1.8〜2.4m（鼻から尾まで）

特　徴：　皮膚は赤みをおび，頭や首，横腹，腕，尾を黒と白の羽毛が包んでいる．頭はきわだって長く，低い位置に保っている．また，ほかの獣脚類の多くはあごが上下に厚くなっているが，そうした傾向は見られない．デイノニクスと同じように，うしろ足の第2指に，よく切れる大きなかぎ爪がある．しかし，このなかまとは違って，ヴェロキラプトルのオスとメスはたがいにそっくりで，頭のはげたデイノニクスのメスより，羽冠のあるオスのほうに似ている．交尾は儀式化した威嚇のダンスの最後に行われるが，ダンスの最中に，オスは致命傷を負う危険がかなりある．こうした習性のせいで，オスとメスの両方に，どうもうになるような強い淘汰圧がかかる．両方ともオスに見える理由も，ここから説明できるだろう．生き残る力が最も強いものは雄性ホルモンをたくさん含んだ卵からかえるので，（鳥類で用いられるZW型の染色体によって決まった）性別に関係なく，オスに似た姿をしている．

習性と生息地：　湿地の森林から，広々とした乾燥地まで，さまざまな生息地で見つかる．プロトケラトプスやテリジノサウルスの子供や卵のほかに，シュヴウイアやオヴィラプトルのような小さめの恐竜，そして小型のいろいろな獲物をえさにしている．集団で狩りをするかしこい恐竜として描かれることが多いが，この恐竜のそうした本能は，生まれ持った凶暴性のかげにかすんでいる．集団といっても社会性のあるグループではなく，同じ獲物に引きつけられて集まっているにすぎない．獲物をしとめたあとは，それを取りあって，たがいに死闘をくり広げるのが普通だ．それどころか，ヴェロキラプトルは動くものを見れば，ほとんど何に対してもあとさきかまわず襲いかかる．巨大なおとなのテリジノサウルスや，タルボサウルスにさえ，単独で戦いをいどみ，小さいほうが命を落とす結果に終わっている．いうまでもなく，この恐竜には決して近づかないほうがいい．

交尾前の威嚇ダンスをする，ヴェロキラプトルのオスとメス．

前足．この手首の動きは，鳥がつばさを折りたたむしくみを思わせる．これは多くの獣脚類，特にドロマエオサウルス類と，テリジノサウルス類にも見られる．

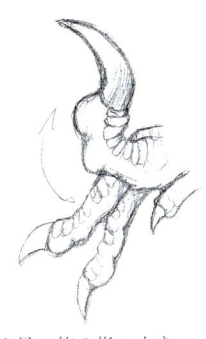

うしろ足．第2指の大きなかぎ爪は，地面からここまで持ちあげられる．

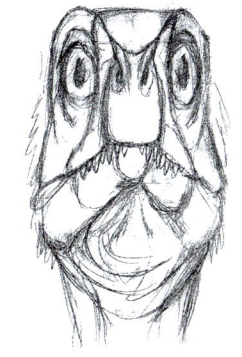

頭を正面と横から見たところ．

ヴェロキラプトルを背中側，横，正面から見たところ．非常に長い尾を，まっすぐ上に曲げることができる．これは威嚇のディスプレイに欠かせない特徴だ．

用語解説

アベリサウルス類　Abelisaurs
南の大陸で発見される代表的な獣脚類グループ．マシアカサウルスやマジュンガトルスなど．

アンモナイト類　Ammonites
現在のイカ類と関係のある軟体動物のグループで，その特徴であるうずまき型の殻はぶ厚く，しばしば装飾がたくさんほどこされている．この殻は一生を通じて成長し続ける．

羽衣　Plumage
鳥類や恐竜に見られる羽毛の配列や色の種類．

化石化　Fossilization
生物の遺骸が岩石に保存される過程で，普通は，骨のようなかたい組織が，地下水によって運ばれてきた鉱物にゆっくりと置きかわる．

寄生生物　Parasite
いそうろう生活に適応した生物で，ほかの生物にすべての負担をかけて生きている．たとえば，腸に寄生するサナダムシ類や吸虫類，血液内に寄生する微小なマラリア原虫などが含まれる．

魚竜類　Ichthyosaurs
海生生活への適応が大きく進んだ中生代の爬虫類グループで，イルカ類によく似ている．恐竜と近い関係にはない．

剣竜類　Stegosaurs
植物食で装甲を持つ鳥盤類恐竜の1グループ．背中に大きな骨板が並んでいるのが特徴．ステゴサウルス，トゥオジャンゴサウルスなど．白亜紀後期には，ヨロイ竜類にほとんど取ってかわられた．

甲殻類　Crustaceans
節足動物（関節のある付属肢を持つ動物）の大きなグループで，おもに水生．カニ類，ロブスター類，小エビ類，蔓脚類など，多くの種類を含む．

厚頭竜類　Pachycephalosaurs
白亜紀後期によく見られる鳥盤類で，おもに2足歩行の植物食恐竜の1グループ．非常にぶ厚く，ドーム状で装甲のある頭が特徴．パキケファロサウルスやホマロケファレ，スティギモロクなどが含まれる．

古生物学　Palaeontology
化石の研究．

沈みこみ　Subduction
1つの構造プレートの物質がもう1つの構造プレートの下に消えていく現象．海溝で，あるいはヒマラヤ山脈のような高い山脈がもりあがる過程のなかで起きる．ヒマラヤ山脈は，インドがチベットの下へ沈みこんで生じた．➡大陸移動も参照．

獣脚類　Theropods
おもに肉食の竜盤類恐竜の大きなグループ．驚くほどさまざまな種類があり，ティラノサウルスやアロサウルスのような巨大な肉食恐竜に，奇怪なテリジノサウルス類，オルニトミモサウルス類，オヴィラプトロサウルス類，そしてもちろん，ドロマエオサウルス類やトロオドン類，鳥類など，小型でしばしば羽毛を持つたくさんの恐竜が含まれる．

集団求婚場　Lek
同じ種の片方の性に属する動物，たいていはオスが，もう一方の性を観客にしてディスプレイを行う「ダンス場」．レック．

主竜類　Archosaurs
恐竜，翼竜類，ワニ類，鳥類や，一部の絶滅動物を含む爬虫類のグループ．カメ類やヘビ類，トカゲ類は含まれない．

食虫動物　Insectivore
生きた昆虫など小さな獲物をおもなえさとするように適応した動物．

植物食動物　Herbivore
主として生の植物をえさにするように適応した動物．

シーラカンス類　Coelacanths
原始的な魚類のグループで，陸上脊椎動物の遠いなかま．白亜紀中ほどに絶滅したと思われていたが，20世紀にインド洋で生きているものが発見された．典型的な「生きた化石」．

脊椎動物　Vertebrates
背骨を持つ動物の大グループで，現生種，絶滅種を問わず，すべての魚類，両生類，哺乳類，爬虫類と鳥類を含む．

ZW型　ZW system
現在，多くの鳥類に見られる性決定の染色体型で，オスが同型配偶子性（ZZ）でメスが異型配偶子性（ZW）になっている．これとは対照的に，哺乳類の「XY」型では，メスが同型配偶子性（XX）でオスが異型配偶子性（XY）．

大陸移動　Continental drift
プレート・テクトニクスの力により，陸塊が地球の表面を移動するプロセス．

単為生殖生物　Parthenogen
無性的に，つまり受精なしに繁殖できる生物．単為生殖可能な動物は当然，すべてメスということになる．単為生殖が普通になっている無脊椎動物は多く見られるが，両生類と爬虫類のなかにも，ときどき単為生殖を行うものがいる．現在知られている哺乳類や鳥類に単為生殖を行うものはいない．

中生代　Mesozoic Era
2億5100万年前から6550万年前までの期間で，恐竜が生息していた時代．中生代は三畳紀，ジュラ紀，白亜紀に分けられる．

鳥脚類　Ornithopods
白亜紀前期から中ほどの鳥盤類で，おもに2足歩行の植物食恐竜の1グループ．イグアノドン，テノントサウルス，オウラノサ

ウルスなど．これらは，白亜紀後期にはもっと特殊化したハドロサウルス類に，ほとんど取ってかわられた．

角竜類　Ceratopsians
たいてい角があり，おもに4足歩行の鳥盤類の恐竜グループで，白亜紀後期に全盛期を迎えた．プシッタコサウルスや，プロトケラトプス，ズニケラトプス，トリケラトプスなどが含まれる．

ティタノサウルス類　Titanosaurs
特に白亜紀後期にめだって繁栄した，竜脚類の大グループ．ラペトサウルスやアルゼンチノサウルスなど，知られているかぎり最大級の陸上動物が含まれる．

テリジノサウルス類　Therizinosaurs
かなり特殊化した，奇妙な獣脚類．特殊化の結果，二次的に植物食になった．テリジノサウルスやベイピアオサウルスが含まれる．

ドロマエオサウルス類　Dromaeosaurs
小型の2足歩行獣脚類のグループで白亜紀に生息．鳥類に最も近いなかまの恐竜に含まれる．デイノニクス，ヴェロキラプトル，シノルニトサウルス，ミクロラプトルなど．

肉食動物　Carnivore
厳密にいえば，食肉目に属する哺乳類．もっとゆるやかな使い方では，主として生肉をえさにするように適応した動物すべてをさす．

ハドロサウルス類　Hadrosaurs
もっぱら植物を食べる恐竜のグループ．頭には，特徴のある装飾がしばしば見られる．白亜紀に繁栄した．例としては，カロノサウルス，ランベオサウルス，コリトサウルス，パラサウロロフスなどがあげられる．

氷河時代　Ice Ages
地球全体の気候が急に寒くなり，極地の氷冠や各地の氷河が長いあいだにわたって増える期間．この用語は，過去200万年のあいだに何回か起きた変動をさすのが一般的になっているが，ペルム紀にも氷河時代があり，また，地球が完全に氷におおわれた期間が，5億年前までに少なくとも2回おとずれていた．

ブラキオサウルス類　Brachiosaurids
ジュラ紀のブラキオサウルスに代表される，巨大な竜脚類のグループ．

プリオサウルス類　Pliosaurs
プレシオサウルス類よりもっと恐ろしいのが，首の短いプリオサウルス類で，これまで進化したなかで最も恐い部類の捕食者が何種類か含まれる．たとえばクロノサウルスは体長12mで，そのうちの4m近くを頭がしめていた．

プレシオサウルス類　Plesiosaurs
中生代の爬虫類の1グループで，水生生活に適応しているが，魚竜類ほど極端ではない．尾と首が長く，丸みをおびた胴体にヒレ足が2対ついている．プレシオサウルスやエラスモサウルスなどが含まれる．

分岐論　Cladistics
全体的な類似性や地質学的時間における位置関係はまったく考えに入れず，純粋に進化上の関係だけをもとにした種の分類体系．

ベレムナイト類　Belemnites
イカ類に似た，絶滅軟体動物のグループ．アンモナイト類とは違って，殻が体の内側にある．

ヤコブソン器官　Jacobson's Organ
鋤鼻器官ともいう．ヤコブソン器官は，口蓋の葉状器官で，感覚細胞が分布している．ヒトを含む多くの動物に見られるが，ヘビ類のような爬虫類で最もよく発達している．鼻の付属器官として使われ，さまざまな種類の臭いを感知する．

翼竜類　Pterosaurs
中生代の飛行性爬虫類のグループ．ランフォリンクスやプテラノドン，ケツァルコアトルス，プテロダクティルスなどを含む，恐竜の近いなかま．一部の種類は，髪の毛のような外皮を持っていたと考えられているが，羽毛を持つものはまだ知られていない．

ヨロイ竜類　Ankylosaurs
ずっしりとした装甲を持つ植物食の恐竜グループで，白亜紀の世界中に見られる．ミンミやエドモントニアなど．

陸橋　Land bridges
大陸移動説の発表前，離れた大陸のあいだで同じような動物相と植物相がみとめられることの説明として，かつて大陸間に土手道のような「陸橋」が存在し，やがて沈んだり浸食されたりして消えた，という説が出されていた．

竜脚類　Sauropods
植物食の竜盤類恐竜のグループ．ブラキオサウルス，ディプロドクス，イサノサウルスなど．

索 引

ア 行

アクロカントサウルス 74
アベリサウルス類 127
アマルガサウルス 80
アルカエオプテリクス・リトグラフィカ 60
アルカエオフルクトゥス 101
アロサウルス 10, 17, 50
アロサウルス・フラギリス 50
アロサウルス・マクシムス 50
アンドルーズ, ロイ・チャップマン 9

イグアノドン 88
イグアノドン・マンテリ 88
イクチオルニス 17
イサノサウルス 42
胃石 102
一雌多雄性 39, 116
イベロメソルニス 17
インゲニア 134
いんぺい色 101

羽衣 38, 50, 54, 56, 101, 103, 136
ヴェロキラプトル 20, 139
羽冠 62, 76, 85, 136, 139
羽板 50
羽柄 107
羽毛 6, 19
羽毛状繊維 6
羽毛のある小型獣脚類 101, 107, 136

営巣地 39, 76, 116, 123
エオティラヌス 6, 84
エオラプトル 35
エドモントニア 114
エピデンドロサウルス 19
えり飾り 138

オヴィラプトル 134
オヴィラプトル・フィロケラトプス 134
オヴィラプトル・モンゴリエンシス 134
オーウェン, リチャード 8
オウラノサウルス 92
大羽 84
オズボーン, ヘンリー・フェアフィールド 8
尾羽 92
オルニトケイルス 90

オルニトミモサウルス類 132
オルニトレステス 54

カ 行

海溝 22
海洋地殻 23
カウディプテリクス 7, 134
かぎ爪 39, 55, 60, 65, 74, 76, 82, 94, 96, 101, 131, 139
飾り羽 103, 132, 136
カスモサウルス 26
化石化 7
家族集団 81
カムフラージュ 67, 91
ガリミムス 132
ガリミムス・ブラトゥス 132
カルカロドントサウルス 91
カルノタウルス 122
カロノサウルス 130

ギガノトサウルス 81
擬似アルビノ 85
寄生 54
寄生生物 8
キュヴィエ, ジョルジュ 8
共生細菌 131
共生生物 85
共生藻類 84
共同営巣地 134
キロステノテス 134
筋胃 46, 92, 110, 136
近親交配 117

空洞 19
首長竜類 96
クリオロフォサウルス 46
クリオロフォサウルス・エリオッティ 46
クリプトヴォランス 9
クロコダイル類 96
群知能 85

系統樹 22
ゲノム解読プロジェクト 84
ケラトサウルス 16, 56
ケラトサウルス・インゲンス 56
ケラトサウルス・ナシコルニス 56
ケルカリア (尾虫) 54
原羽毛 17, 35, 36, 46
原始的な恐竜 35, 36
原始的な角竜類 102
原始的な竜脚類 42
剣竜類 15

孔子鳥 9, 15, 101
厚頭竜類 116
交配 123
交配期 47, 54, 57, 62, 64, 85
交尾 42, 85, 108, 114, 122, 139

コエロフィシス 30
コエロフィシス・バウリ 30
コープ, エドワード・ドリンカー 8
骨板 57, 67
コリトサウルス・マグニクリスタトゥス 27
古竜脚類 15, 39, 42, 47
ゴンドワナ大陸 22
コンフシウソルニス →孔子鳥
コンプソグナトゥス 62

サ 行

細菌 10, 74
サウロロフス 27
鎖骨 (叉骨) 6, 19
雑食性獣脚類 98
サルタサウルス 123
三畳紀 12, 24, 25

ジェホロデンス 101
ジェホロルニス 9
沈みこみ帯 23
始祖鳥 17, 60
シチパチ 9
死肉食(動物) 10, 50, 67, 78, 80, 82, 88, 89, 94, 98, 102, 114, 122, 123, 132, 134, 138
シノヴェナトル 103
シノサウロプテリクス 9
シノルニトサウルス 20, 107
支配的爬虫類 12
ジャンヘオテリウム 101, 107
シュヴウイア 136
獣脚類 15
 小型── 30, 35, 54, 60, 62, 76, 89, 101, 103, 107, 127, 134, 136, 139
 中型── 38, 46, 56, 84, 98, 122
 大型── 50, 68, 74, 81, 82, 91, 94, 96, 120, 131, 132, 135
収束型境界 23
集団求婚場 7, 35, 50, 56, 103, 131
集団繁殖地 82, 88, 92, 107, 110, 132
収斂 19
寿命 52, 88
ジュラ紀 12, 23, 24, 25
主竜類 12
小惑星衝突説 24
植物食獣脚類 131, 135
シロアリ 136
神経棘 75, 130
針毛 7, 102

スキピオニクス 89
スキピオニクス・サムニティクス 89
スケリドサウルス 63
スコミムス 96
スタンバーグ, チャールズ 8
ステゴサウルス 10, 57
ステゴサウルス・アルマトゥス 56
ズニケラトプス 78
スピノサウルス 94

精子の競争 88
性的成熟 88
性的二型性 54, 116
繊維状の羽毛 84
セントロサウルス 26

装甲 56, 63, 68, 78, 108, 114, 117, 123, 128
装盾類 15, 38, 57, 63, 67, 108, 114
早成性 30, 38, 46, 47, 56, 60, 62, 80, 82, 89
総排出腔 68, 76

タ 行

体温調節 92
大陸移動 22
大量絶滅 22, 24
単為生殖 7, 89

知能 103
中央海嶺 22
中華鳥竜 →シノルニトサウルス
中生代 12
鳥脚類 15
 小型── 85
 中型── 92, 110
 大型── 88
腸内共生生物 135
鳥盤類 15
チョーク (白亜) 10
貯精嚢 130

角竜類 15
 小型── 78, 102, 138
 大型── 117

ディキノドン類 37
ディスプレイ 7, 35, 36, 38, 50, 62, 64, 68, 70, 76, 80, 88, 92, 115, 131, 134, 135
ティタノサウルス類 128
デイノケイルス 131
ディノドントサウルス 35
デイノニクス 20, 76
ディプロドクス 52
ティラノサウルス 7, 120
ティラノサウルス・ヘルカラクサエ 120
ティラノサウルス・レックス 120
手の構造 19

テリジノサウルス　9, 135
テリジノサウルス類　98, 131

トゥオジャンゴサウルス　67
淘汰圧　139
毒針　102
トラヴァーソドン類　35
トリケラトプス　117
トロオドン類　103
トロサウルス　26
ドロマエオサウルス類　16

ナ 行

肉垂　30, 50, 60, 64, 70, 76, 92, 107

熱河鳥　9

ハ 行

胚の発生　19
パキケファロサウルス　116
パキリノサウルス　26
白亜紀　12, 24, 25
ハクスリー, トマス・ヘンリー　12
ハクトウワシ　17
発散型境界　23
発情期　78, 80, 82
ハドロサウルス類　130
鼻の突起　110
鼻袋　110
パラサウロロフス　27
バリオニクス　82
パンゲア　22

繁殖期　38, 39, 46, 50, 54, 56, 60, 63, 64, 68, 78, 110, 117
反芻動物　88
晩成性　81, 134
バンビラプトル　20
氾濫原　76, 110

被子植物　24
ヒプシロフォドン　85

フアヤンゴサウルス　67
プシッタコサウルス　9, 102
腐肉食(動物)　10, 74
プラエファスキオラ・ブラキオサウリ　54
ブラキオサウルス　64
プラテオサウルス　39
プラテオサウルス・エンゲルハルティ　39
プレート　22
プロケルカリア　54
プロサウロロフス　27
プロトケラトプス　138
分岐図　13

ベイピアオサウルス　9, 98
ヘスペロサウルス　67
ペルム紀　13, 23
ヘレラサウルス　36
ペロロサウルス　74
ペンタケラトプス　26

帆　74, 80, 92, 94
抱卵　39, 60, 62, 91
ホットスポット　23
骨の空洞　6

マ 行

マシアカサウルス　127
マーシュ, オスニエル・チャールズ　8
マジュンガスクス　129
マジュンガトルス　127, 129
マセトグナス類　35
マッソスポンディルス　47
マメンチサウルス　70

ミクロラプトル　19, 101
ミンミ　108

ムッタブラサウルス　110

メタケルカリア　54

毛状羽　38, 127
モササウルス類　96
モノニクス　136

ヤ 行

夜行性　50, 107
ヤコブソン器官　74
ヤンチュアノサウルス　67, 68

ユタラプトル　20

幼形進化　89
ヨロイ竜類　108, 114

ラ 行

ラウイスクス類　30
ラペトサウルス　128
ラホナヴィス　20, 129
ランベオサウルス　27
リーダー　47, 57, 64, 70, 80, 81, 117, 138
陸橋　22
竜脚類　15
　小型――　42
　中型――　80, 123, 128
　大型――　52, 64, 70
竜盤類　15
遼寧省　15
リリエンステルヌス　38

ルイスレヤ・ギンスベルギ　54

レック　→集団求婚場
レピデテス　82

ロナルドラプトル　134
ローラシア　22

ワ 行

綿毛　7
綿毛状羽衣　68
綿毛状羽毛　82
綿羽　76, 91, 94, 120, 132

謝　辞

本書に絵を提供してくれた次の方々に，クォート社から感謝を捧げたい．

　　　15ページ：　ミック・エリソン（アメリカ自然史博物館）
　　　24ページ：　ドン・デイヴィス

　ヘンリー・ジーは，「恐竜と歩く」という危険きわまりない話を語ってきたが，まさかこうした企画に携わることになろうとは思ってもみなかった．ルイスと古生物学の世界，そしてインスピレーションを与えてくれた飼い猫のフレッドやメス猫たちにありがとうと言いたい．クランリーはこの世を去ったが，その思い出は決して消えない．

　ルイス・レイから次の方々に，心からの感謝を表したい．パー・クリスチャンセン，ダレン・ネイシュ，スコット・ハートマン，ニック・ロングリッチ，マルコ・シニョーレ，ルキアノ・カンパネリ，ミッキー・モーティマー，ジェイミー・ヘッデン，ケン・カーペンター，トム・ホルツ，杉本みどり，チャーリー・マガヴァンとフローレンス・マガヴァン，ジョン・ハッチンソン，スコット・サンプソン，デヴィッド・ランバート，サンドラ・チャップマン，ロバート・バッカー，メアリー・カーコールディ，ジャネット・スミス，ディック・ピアス，マーク・カプロヴィッツ，ヘンリー・ジー，そして私のパートナー，カルメン・ナランホ．いつも支え続け，創造的な刺激を与えてくれてありがとう．

　また，次の方々にも（あまりにも多いので，ごく一部のお名前しかあげられないが）お礼を述べたい．エバーハルト・「恐竜」・フライ，エリック・ビュフェトー，デヴィッド・エバース，ドン・ブリンクマン，デヴィッド・マーティル，デヴィッド・アンウィン，クリスチアノ・ダル・サッソ，マーク・ノレル，ミック・エリソン，デヴィッド・ピーターズ，アラン・ギシュリック，マイク・スクレブニック，宮脇　修，マイク・テーラー，グレッグ・ポール，トレーシー・フォード，ジョン・ランゼンドルフ，ジョージ・オルシェフスキー，そしてクォート出版社の皆さんに．労をおしまず働いてくれてありがとう．

　井上正昭氏，そして1999年から2002年のあいだに亡くなられた方々をしのんで．

恐竜野外博物館　　　　　　　　　定価はカバーに表示

2006 年 1 月 25 日　初版第 1 刷
2006 年 3 月 15 日　　　第 2 刷

　　　　　　　　　　　　　　　監訳者　小　畠　郁　生
　　　　　　　　　　　　　　　訳　者　池　田　比佐子
　　　　　　　　　　　　　　　発行者　朝　倉　邦　造
　　　　　　　　　　　　　　　発行所　株式会社　朝　倉　書　店
　　　　　　　　　　　　　　　東京都新宿区新小川町 6-29
　　　　　　　　　　　　　　　郵 便 番 号　162-8707
　　　　　　　　　　　　　　　電　話　03(3260)0141
　　　　　　　　　　　　　　　F A X　03(3260)0180
〈検印省略〉　　　　　　　　　　http://www.asakura.co.jp

Ⓒ 2006〈無断複写・転載を禁ず〉　　ISBN 4-254-16252-9　C 3044